市政公用设施建设项目
社会评价导则

中华人民共和国住房和城乡建设部　发布

中国计划出版社

2011　北　京

图书在版编目（CIP）数据

市政公用设施建设项目社会评价导则/中华人民共和国住房和城乡建设部发布．—北京：中国计划出版社，2011.10

ISBN 978-7-80242-679-5

Ⅰ.①市…　Ⅱ.①中…　Ⅲ.①城市公用设施－市政工程－项目评价　Ⅳ.①TU99

中国版本图书馆CIP数据核字（2011）第187791号

市政公用设施建设项目社会评价导则

中华人民共和国住房和城乡建设部　发布

☆

中国计划出版社出版

（地址：北京市西城区木樨地北里甲11号国宏大厦C座4层）

（邮政编码：100038　电话：63906433　63906381）

新华书店北京发行所发行

三河富华印刷包装有限公司印刷

787×1092毫米　1/16　4.75印张　103千字

2011年10月第1版　2011年10月第1次印刷

印数 1—4000册

☆

ISBN 978-7-80242-679-5

定价：29.00元

住房和城乡建设部文件

建标〔2011〕84号

关于发布《市政公用设施建设项目社会评价导则》的通知

国务院有关部门，各省、自治区住房和城乡建设厅，直辖市建委（建交委），新疆生产建设兵团建设局：

为提高市政公用设施建设项目投资决策科学化水平，规范项目社会评价工作，促进社会公平与和谐稳定发展，根据《关于印发〈二○○三年工程项目建设标准、投资估算指标、建设项目评价方法与参数编制项目计划〉的通知》（建标函〔2004〕43号）要求，由住房和城乡建设部负责编制的《市政公用设施建设项目社会评价导则》，经有关部门会审，现批准发布，自2011年12月1日起施行。

本导则的管理由住房和城乡建设部负责，具体的解释工作由住房和城乡建设部标准定额研究所负责。

中华人民共和国住房和城乡建设部

二○一一年六月二十三日

编 制 说 明

《市政公用设施建设项目社会评价导则》（以下简称《导则》）是根据建设部下达任务，由住房和城乡建设部标准定额研究所组织有关单位和专家共同编制完成的。

在编制过程中，编制组以科学发展观为指导，按照投资管理体制改革的要求，在总结我国部分国际援助项目社会评价实施经验的基础上，立足我国国情，从促进改革与发展的前瞻性考虑，借鉴国际上社会评价的研究成果和有益经验，结合市政公用设施建设项目的特点和社会评价的实际情况研究制定的。征求意见稿完成后，广泛征求了有关部门、单位和专家的意见，经反复修改后完成送审稿，由住房和城乡建设部标准定额司组织召开审查会，会同有关部门审查定稿。

《导则》共分十章，内容包括：总则；社会评价五个着眼点；社会分析；市政项目中政府公共职能评价；社会管理计划与实施监测评估；征收补偿方案及实施；不同层次、阶段的社会评价；社会评价采用的方法；社会评价的实施；市政项目社会评价要点。

在《导则》的使用过程中，请各有关部门和单位注意总结经验，积累资料。如发现需要修改和补充之处，请将意见告住房和城乡建设部标准定额司（地址：北京市海淀区三里河路九号，邮政编码：100835），以便今后修订时参考。

二〇一一年六月二十三日

目　　录

目　录

市政公用设施建设项目
社会评价导则

1 总　　则

1.1 为贯彻落实科学发展观，促进经济社会公平与和谐发展，适应投资体制改革要求，提高投资决策的科学化、民主化水平，结合市政公用设施建设项目（以下简称“市政项目”）的特点，制定本导则。

1.2 本导则旨在规范和指导市政项目的社会评价工作，推动社会评价在市政项目决策中的应用，提高拟建项目与当地社会环境的相互适应性，减少或避免因项目实施可能带来的不利社会影响，保证项目顺利实施和项目社会效果的持续发挥，促进项目与当地经济社会协调发展。

1.3 本导则适用于市政供水、排水、供热、燃气、生活垃圾处理、城市轨道交通、城市道路和桥梁、城市园林绿化项目的整个项目周期的社会评价（包括项目前期阶段、准备阶段、实施阶段和运营阶段）。

1.4 市政项目社会评价具有贯穿项目周期全过程、以人为本、多目标、多视角、公众参与等特点。

1.5 市政项目社会评价，应考虑市政行业以下特征对项目评价的影响：

1. 市政项目的主要特征表现为公用性、公益性、自然垄断性、网络性和政府主导性。市政项目的建设与社会公众的福利密切相关，社会关注度高，影响面广。

2. 市政项目与规划紧密相关，政府制定的城市发展规划对市政项目建设具有控制、指导和约束作用。符合规划要求是市政项目得以立项、建设和持续运营的必要条件。

3. 政府是市政公用事业的责任主体，在市政项目建设上具有双重地位和作用，除要履行公共管理职能外，在政府投资项目中还要作为提供公共产品和服务的投资者。

4. 市政项目主要建于城区或城近郊区，区域内人口和建（构）筑物（地上和地下）密集，项目建设影响面广，对项目范围内外的人口、住房、就业、收入、生活水平和质量以及社会组织结构、传统文化、社会服务容量等可能带来正面或负面社会影响。

5. 城市社会组织结构复杂，项目涉及的利益相关者众多，利益诉求呈多样化。

6. 城市人口的文化素质相对较高，民主法制意识较强，善于通过法律手段、制度渠道、媒体等各种途径来维护自身权益。

7. 城近郊区农村形成的城乡结合部交通便利，与城市经济关联度强，村民可亦工亦农，在就业、收入、公共服务等方面享有双重便利；村民的民主法制意识在不断增强，善于利用集体组织出面争取自身权益。

8. “城中村”具有农村和城市双重特征。“城中村”的土地、房屋、户籍等受城市和农村两元管理体制影响，产权关系复杂；“城中村”外来人口高度集中，人口稠密，违章建筑多，建筑密度大，市政基础设施配套薄弱，生活环境较差；村民以非农业收入为主，出租房屋收取租金成为主要谋生手段和主要收入来源。

9. 市政项目建设用地包括城市建成区建设用地与城市建设和发展规划控制区域内的建设用地，按土地性质可划分为城市既有国有土地和被征收的农民集体所有土地，与之相对应的非自愿移民也分为城市非自愿移民和农村非自愿移民。不同性质的土地和相应的房屋征收对象适用于不同的法律、法规和政策。

1.6 市政项目社会评价应根据具体项目的特点，选择评价内容，确定评价重点。

市政项目社会评价主要内容包括：社会分析（社会影响分析、利益相关者分析，社会相互适应性分析，社会风险分析，项目可持续性分析），市政项目中政府公共职能评价，社会管理计划与实施监测评估，征收补偿方案及实施等。

对于可能产生较大负面影响、有较大社会问题和风险、社会矛盾突出的项目，应分析和评价所有与项目建设实施有关的主要社会因素。对于社会影响较小的项目，社会评价可以集中在某些敏感的社会因素或社会问题上。

1.7 市政项目社会评价应以人为本，坚持独立、客观、公平、公正，依法、民主、科学的原则，尽可能规避或减缓社会风险。

2 社会评价五个着眼点

2.1 市政项目的特点和复杂程度，决定每个项目社会评价内容范围可能有所差别。社会评价应从社会多样性和社会性别，制度、规则和行为，利益相关者，公众参与，社会风险五个方面着眼，调查和分析与项目相关的社会事项，同时考虑它们之间的相互联系。

2.2 社会多样性和社会性别

2.2.1 社会评价应从社会多样性和社会性别着眼，考察与项目相关的不同群体（包括男性和女性）在项目和社会发展中的地位、作用和发展差异，分析这些群体的社会地位受项目影响而可能发生的改变、他们与其他群体的相互作用，以及这些群体对发展效果和机会的影响。

2.2.2 通过社会多样性和社会性别分析，了解各类利益相关者的社会特征和社会角色，他们与项目相关社会事务的关系，识别出哪些社会群体能为项目准备和实施做出贡献，哪些群体会受到项目的影响，以及不同群体可能对项目产生的影响，并基于利益相关者的性别、民族、文化等差异性对项目设计方案进行优化，建立可用于项目实施监测的指标。

2.3 制度、规则和行为

2.3.1 社会评价应从制度、规则和行为着眼，分析与项目相关的组织机构的制度、规则和成员，包括社会组织形式和不同群体之间的社会关系、正式和非正式机构、正式和约定俗成的非正式的规则、风俗习惯和行为等，以及这些机构的规则和行为可能对实现项目目标产生的影响。

2.3.2 通过制度、规则和行为分析，发现在机构体制上可能对项目产生影响的障碍，对项目设计、实施和运营管理可能产生的影响，提出克服这些障碍和建立新的制度、规则和行为的建议。在项目监测评价体系中，应建立可以跟踪监测的相关指标。在制度、规则和行为分析中可根据需要增加对项目执行机构能力的分析。

2.4 利益相关者

2.4.1 社会评价应从利益相关者着眼，分析受项目影响或对项目产生影响的个人或群体。不仅应分析项目对不同个人或群体产生的实际影响及程度，还应分析他们对项目的影响力，评估他们对实现项目发展目标的作用，以此为基础，提出建立促进各利益相关者相互合作参与项目的机制的建议，并建立对各利益相关者监测的指标。

2.4.2 在项目准备阶段，利益相关者分析可以帮助项目决策者认识各利益相关者受项目的影响及其对项目的反应和影响，以改进项目设计，为项目实施和监测建立一个利益相关者参与过程。

2.5 公众参与

2.5.1 社会评价应从公众参与着眼，构建不同利益相关者对项目的有效参与机制，分析受项目影响的利益相关者参与项目的程度，包括参加项目准备、决策、建设、运营管理以及分享项目产生的成果和项目创造的机会，并应特别关注弱势群体参与的可能性和程度。在此基础上研究现有参与方式，建立包括信息分享机制、协商机制和参与机制在内的参与框架，制定参与计划，以改善利益相关者参与的有效性。

2.5.2 通过公众参与，可以改进项目设计方案，取得各利益相关者的理解、支持与合作，有利于提高项目参与各方的社会责任感，减少社会矛盾和纠纷，降低项目建设和运营的社会风险。

2.6 社会风险

2.6.1 社会评价应从规避或减少社会风险着眼，识别所有可能出现的社会风险因素，制定应对风险的管理措施。在风险分析中通常关注五类风险：脆弱性风险、国家风险、政治经济风险、制度风险和外部风险。应将风险分析与上述几方面着眼点结合起来考虑。

2.6.2 社会风险分析应从风险的影响程度和风险发生的可能性两个方面考虑。通过社会风险分析，可以对目标群体以及其他可能受项目影响的群体产生的风险和脆弱性有一个完整的认识，并在项目设计中结合具体情况制定防范风险的措施。在风险过大的情况下，需要考虑其他替代方案。

3 社 会 分 析

3.1 社会影响分析

3.1.1 项目社会评价应进行项目的社会影响分析。项目产生的社会影响主要包括：项目目标区域内收入、就业、物质财富变化等经济层面的影响，社会环境和条件、公共基础设施的改变、风俗习惯、宗教等社会层面的影响，以及特殊群体影响等三个方面。

3.1.2 经济层面的分析，应分析预测项目在经济方面可能产生的正面影响和负面影响。

1. 经济层面的分析内容主要包括：

（1）项目对当地居民收入的影响，分析预测因项目实施可能造成居民收入增加或减少的范围、程度及其原因；

（2）项目带来的收入分配是否公平，是否扩大贫富收入差距，提出促进收入公平分配的措施建议；

（3）项目对当地居民生活水平和质量的影响，分析预测项目实施后居民居住水平、消费水平、消费结构等的变化及其原因；

（4）项目对当地居民就业的影响，分析预测项目实施对当地居民就业结构和就业机会带来的正面影响和负面影响。

2. 在经济层面的分析中，应特别关注贫困人口、低收入群体、残疾人、非自愿移民等弱势群体生活成本增加和公共基础设施条件变化等问题。

3. 市政项目给弱势群体经济方面带来的不利影响包括土地资源的丧失、房屋及其他建筑物被征收、丧失就业机会、家庭财产价值减少、机会收益减少、租赁收益减少或者丧失、生活成本增加、经营成本增加、原有的社区组织和社会关系被破坏或丧失后导致的经济损失、边缘化等。

4. 供水、供热、燃气、污水处理、生活垃圾处理等市政项目建设可能导致相关群体生活支出增加，并使低收入群体的抗风险能力进一步削弱。应调查居民的支付意愿和支付能力，分析项目对居民家庭经济收入和支出的影响，并尽可能提出解决措施和建议。

5. 应分析项目对当地基础设施、社会服务容量和促进城市化进程等方面的影响，分析预测项目建设和运营期间，可能增加或者挤占当地原有的基础设施与商业服务网点的影响。

3.1.3 社会层面的分析，应进行包括社会环境与条件、文化遗产、宗教设施和当地的城市风貌等方面的影响分析。

1. 在社会环境与条件方面，应分析项目对当地文化、教育、卫生的影响，分析项目建设和运营期间可能引起的当地文化教育水平、卫生健康指标的变化和对当地人文环境的影响。

2. 在文化遗产方面，应调查掌握当地的文化遗产状况（包括物质和非物质文化遗产），识别项目是否对文化遗产产生影响。如果项目对文化遗产产生影响，应提出保护和寻求避免彻底毁坏文化遗产方面的措施。

3. 当项目土地征收涉及宗教设施、宗族祠堂、墓地和少数民族传统生活设施时，应安排与项目活动相关的社会群体中的宗教等团体或代表机构参与项目调查和协商活动，共同识别和判断这些设施受项目活动影响的程度，进行详细的社会影响分析，提出尽可能避免或者减少不利影响的措施。

3.1.4 特殊群体影响分析，是指在社会分析中，要特别关注与项目有关的弱势群体，如贫困人口、女性、少数民族等，以及由于农村集体土地征收、国有土地使用权收回、城市国有土地上房屋征收所产生的非自愿移民等。应重点分析项目对他们产生的影响，建立帮助他们参与项目并分享项目成果和机会的机制，尽可能减少项目对他们造成的不利或负面影响。

1. 在贫困分析方面，应分析项目可能产生的缓解贫困效果和可能因项目建设与运营导致的次生贫困影响。主要是识别受项目影响的贫困群体，了解贫困群体的需求和困难，分析项目给贫困群体带来的影响和社会风险；建立参与协商机制，在项目方案设计中尽可能避免或减少因项目实施而给贫困群体带来的社会风险，降低他们受项目不利影响的程度；建立必要的沟通、协商、对话、抱怨申诉机制，保证不同群体都能有机会平等地表达自己的意愿和诉求，平等地参与各项重大问题的决策过程，提高他们通过参与项目获得发展机会的可能性。

2. 在社会性别分析方面，应以促进性别平等为宗旨，从社会性别视角进行不同性别群体的社会角色分工、影响、需求的差异性分析，利用性别分析清单和性别分析工具分析男性和女性对项目的不同作用和需求，分析项目对男性和女性可能产生的不同影响。根据性别分析结果，确定项目目标体系中的社会性别目标；确定参与式战略，优化项目设计方案，进行社会性别规划；提出在项目实施中建立性别敏感的监测指标的建议。

3. 在少数民族分析方面，应以促进民族团结、共同发展为宗旨，以保证少数民族的传统文化不被项目破坏为基本原则，重点关注项目对当地少数民族风俗习惯和宗教的影响，分析预测项目建设和运营是否符合国家的民族政策，是否充分考虑了少数民族地区的风俗习惯、生活方式、宗教信仰，是否会引起民族矛盾，诱发民族纠纷，影响当地社会的安定团结；分析项目对不同民族或族群产生的影响，在项目方案设计中制定关于少数民族发展的政策，提出减缓项目对少数民族负面影响和扩大正面影响的措施，提出使少数民族参与项目并从中受益的方案。

4. 在非自愿移民分析方面，应重点关注农村集体土地征收、国有土地使用权收回、城市国有土地上房屋征收与非自愿移民安置导致的社会影响，分析征收行为可能导致非自愿移民土地资源的丧失、劳动生产和管理技能的贬值、社会网络的破坏、社会资本的损失、征收补偿安置过程中的社会矛盾、社区参与和使用公共财产的途径、次生贫困群体和脆弱群体的产生、社会公平、社会性别等社会影响，提出有针对性的社会管理措施建议，在制定征收补偿方案和实施中予以考虑。

3.1.5 市政项目社会评价还应结合项目的具体特点，对项目造成的其他社会影响加以分析。

3.2 利益相关者分析

3.2.1 项目社会评价应对与项目有直接或间接利害关系，并对项目成功与否有直接或间接影响的有关个人、群体和组织机构进行分析。

3.2.2 利益相关者分析应识别所有潜在的利益相关者。

1. 利益相关者的识别，主要包括受项目影响的个人、群体或组织以及为项目提供资金的机构、有关的项目管理和执行机构（包括计划、设计、咨询、管理机构等）等利益相关机构。利益相关者可区分为受益者、受损者、既受益也受损者等不同类别。

2. 利益相关者识别过程中，应特别关注并识别出与项目相关的贫困人口、女性、少数民族、非自愿移民等弱势群体。

3.2.3 利益相关者分析，主要是对不同的利益相关者受到的影响及其对项目的反应做出分析和判断。主要内容包括：

1. 分析各利益相关者与项目的利害关系（直接受益、间接受益、直接受影响、间接受影响）、在项目中所扮演的角色、对项目建设的态度以及对项目建设成败的影响程度。

2. 分析项目对当地各利益相关者的影响，分析预测项目建设和运营的受益者和受损者，分析不同利益相关者受项目影响的程度和需求，提出对受损群体的补偿措施和途径。

3. 重点分析预测项目的建设和运营对当地弱势群体利益的正面影响和负面影响，提出扩大正面影响、减缓负面影响的措施。

4. 对涉及征收补偿安置活动的项目，应识别和分析征收土地、房屋对于非自愿移民和安置地区受影响人群两方面的影响。

3.2.4 利益相关者分析还应进行项目相关组织机构分析，对与项目准备、建设、维护、运营、管理相关的政府机构、咨询服务机构、民间组织、其他社会组织等利益相关机构的特征、结构、管理体制、运行机制、人力资源配置、管理与协调能力、项目管理经验等方面进行分析，提出机构安排建议。

3.3 社会相互适应性分析

项目与当地社会相互适应性分析，应分析预测当地的社会环境、人文条件能否接纳、支持项目的存在与发展，以及当地政府、居民支持项目存在与发展的程度，考察项目与当地社会环境的相互适应关系。主要内容包括：

1. 分析当地政府和各利益相关者对项目建设与运营的态度，他们对项目的可接受性，以及可能在哪些方面、多大程度上对项目予以支持和配合。

2. 分析当地现有技术、经济、社会、文化状况能否适应项目的建设和发展。

3. 分析项目目标受益群体对项目的可接受性，对于需要向受益对象收取费用的项目，应进行受益群体支付意愿与支付能力分析。

4. 分析利益可能受损群体对项目的可接受性，分析因项目建设和运营而导致在环境、资源、经济、社会方面的利益可能受损的群体对项目的态度、诉求，提出消除或减缓不利影响的措施。

5. 分析与项目直接的利益相关者参与项目准备、建设和运营的意愿，提出利益相关者参与项目的方式，对可能阻碍项目存在与发展的因素提出防范措施。

3.4 社会风险分析

3.4.1 项目社会评价应进行社会风险分析，提出规避或减缓社会风险的措施和建议。具体步骤为：

1. 对可能影响项目的各种社会因素进行识别、排序。

2. 选择影响面大、影响持续时间长、容易导致较大矛盾的社会因素进行分析和预测。分析该因素可能导致社会风险的原因、社会环境与条件、发生的可能性，提出可能的解决措施和方案。

3. 在与政府机构、实施机构、群众组织、项目所在社区及居民等利益相关者进行充分沟通和协商的基础上，针对每一项解决潜在社会风险的措施和方案进行可行性分析。

3.4.2 对涉及农民集体所有土地的征收、国有土地使用权回收、城市国有土地上房屋征收数量较大的项目，应对可能诱发的社会风险给予特别关注和详细分析。

3.4.3 对涉及影响自然与历史文化遗产、少数民族传统文化与风俗习惯、宗教设施与场所、自然保护区等社会风险较大的项目，应进行详细调查和分析研究，慎重决策。

3.5 社会可持续性分析

3.5.1 项目社会发展效果可持续性分析主要分析项目对于减缓贫困、促进社会公平、促进社会性别平等、促进少数民族发展、促进文化遗产保护、提高弱势群体社会保障与社会福利水平等社会效果的可持续程度，以及实现项目社会效果可持续的必要条件。

3.5.2 项目社会可持续性分析应分析项目受益者支付能力的动态变化趋势及其对项目建设与运营的持续性影响，特别是可能导致项目工期延误、成本增加、效率降低等使项目的社会可持续性所受到的影响。

4 市政项目中政府公共职能评价

4.1 政府公共职能的双重性

政府在市政项目建设中具有双重地位和作用：一要履行公共管理职能，对社会投资进行调控和管理；二要承担公共投资责任，向社会提供公共服务和产品。

政府投资的市政项目，对政府公共管理和公共投资的双重地位和作用均应进行分析评价。

非政府投资的市政项目，主要分析评价项目过程中政府相关行政管理部门履行公共管理职责，发挥调节、分配、协调和管理公共利益的地位和作用，重点关注政府履行公共管理职能过程中对项目的作用和影响。

4.2 政府公共管理职能的评价

政府公共管理职能评价一般包括：项目过程中，城市发展规划和相关政策对项目的作用和影响的合理性评价，政府管理、协调和解决社会矛盾和问题的能力和机制的有效性评价，政府调节和分配社会利益的公平性评价，政府提供与项目相关的配套公共产品和服务的能力评价。

4.2.1 城市发展规划和相关政策对项目的作用和影响的合理性评价，应重点分析：

1. 总体规划的战略性、纲领性、综合性目标对项目社会目标的作用和影响。
2. 专项规划和详细规划对项目社会目标、项目规模设计、项目实施与管理的作用和影响。
3. 相关政策对项目社会目标、项目实施的影响。
4. 规划和政策对项目在社会分析方面的指导作用。

4.2.2 政府管理、协调和解决社会矛盾及问题的能力与机制的有效性评价，应重点分析：

1. 在相关机制建立的情况下，机构和人员的配备情况。
2. 有关机构和人员的工作的有效性及工作效率。
3. 有关机构和人员行使管理权的公开、公正和公平性。
4. 利益相关者对政府相关部门或机构管理、协调和解决各种矛盾和问题的满意度。

4.2.3 政府调节和分配与项目相关社会利益的公平性评价，应重点分析：

1. 政府对项目产生的社会利益的分配、调节作用。
2. 政府对受影响利益群体合法权益的保护。
3. 政府对项目投资者合法权益的保护。
4. 政府对项目投资者补偿受影响利益群体合法利益的监督和管理。
5. 政府对受损利益群体不合理的过度补偿要求的监督和管理。

4.2.4 政府提供与项目相关的配套公共产品和服务的能力评价，应重点分析：

1. 政府提供公共产品和服务的规划的适度性和前瞻性。
2. 公共产品和服务的规划目标对项目社会目标的作用和影响。
3. 公共产品和服务的规划布局的合理性和覆盖面。
4. 公共产品和服务的价格与受益人口收入水平的适应性。

5. 公共产品和服务的价格水平对受益人口公平享有相关利益的影响。

6. 政府根据受益人口的要求增加或者改善公共产品和服务的能力。

4.3 政府公共投资者地位和作用的评价

政府公共投资者地位和作用的评价包括：政府投资项目的合理性评价，政府补偿利益受损群体的计划、行为和效果评价，政府行为的公开性、公平性和公正度评价，政府处理公众意见和要求的态度和做法评价。

4.3.1 政府投资项目的合理性评价，应重点分析：

1. 项目建设的目标和目的。

2. 项目的服务对象。

3. 项目功能与目标群体需求的适应性。

4. 项目与规划要求的一致性以及满足规划要求的程度。

5. 项目产生的影响和效益与提高民众福利水平的适应性。

4.3.2 相关部门或机构补偿利益受损群体的计划、行为和效果评价，应重点分析：

1. 对受损利益群体的利益补偿标准的合法性和合理性。

2. 利益补偿满足受损群体合法合理要求的程度和水平。

3. 作为拥有公共权力的特殊投资者，相关部门或机构是否公平对待相关受损群体的利益补偿要求。

4. 给利益受损群体的补偿中动用公共资源的合法性和合理性。

5. 相关部门或机构在给利益受损群体的补偿中使用公共权力的合法性和公正性。

6. 相关部门或机构对特殊利益群体，如贫困人口和弱势群体，补偿的适度政策倾斜的适宜性。

4.3.3 相关部门或机构行为的公开性、公平性和公正性评价，应重点分析：

1. 政府投资项目的相关部门或机构行为的公开性，以及接受公众监督的水平。

2. 受影响群体的知情水平。

3. 相关部门或机构行为的合法性及其后果。

4. 政府相关部门解决投资代理机构与受影响群体之间的矛盾和冲突的公平性。

4.3.4 政府相关部门处理公众意见和要求的态度和做法的评价，应重点分析：

1. 政府面向社会的交流、申诉渠道的建立及其效果、效率。

2. 相关部门对受影响群体意见的处理和态度，以及政府的态度对公众参与项目的影响。

3. 相关部门处理受影响群体各种行为的方式及其合法性和合理性。

4. 相关部门处理不同利益群体意见和行为的过程和结果的公开性、合法性。

5. 相关部门防止滥用公共权力的措施。

5 社会管理计划与实施监测评估

5.1 社会管理计划

5.1.1 在社会分析的基础上，应编制切实可行的社会管理计划，提出规避、缓解社会风险的具体措施和方案。社会管理计划主要包括利益加强计划、负面影响减缓计划、利益相关者参与计划和社会监测评估计划。

5.1.2 利益加强计划。对于项目产生的正面效果，应采取积极鼓励、强化的具体措施予以促进，并尽可能加以扩大和促进效果的持续发挥。

5.1.3 负面影响减缓计划。对于项目产生的负面影响，应尽可能先通过工程方案优化减少项目负面影响，然后从政策、制度、机制、机构、资金、程序、人员等方面予以妥善安排，以减少、缓解负面影响，控制社会风险。

5.1.4 利益相关者参与计划。参与计划应分析各类利益相关者，明确不同利益相关者之间的关系。应重点关注主要利益相关者以及对主要利益相关者参与有影响的关键社会因素，提出参与项目规划、设计、准备、实施、监测、评估的适当形式和方法。参与计划主要内容包括：

1. 在项目规划、设计、建设、运营阶段，不同利益相关者参与项目活动的计划，具体包括：活动主题、预期目的、主要内容、形式、负责和参与的机构及人员、时间、地点、预算等。
2. 项目信息公开计划与沟通、反馈机制。
3. 抱怨、申诉机制。

5.1.5 社会监测评估计划。根据社会分析和社会管理活动，设立跟踪监测与评价指标体系，明确监测方案、方法、机构与人员安排和报告制度等。

5.2 社会管理计划的实施

5.2.1 在项目实施阶段，社会管理计划需要经过相关机构审批后组织实施。

5.2.2 社会管理计划实施的责任主体是项目单位。项目单位可以根据社会管理计划实施的需要，结合项目相关机构的职能分工，自主或者委托相关机构负责实施项目社会管理计划的全部或部分内容。

5.2.3 当项目外部和内部条件与社会管理计划编制所依据的社会环境发生重大变化时，应及时对社会管理计划进行必要的调整，并根据规定向原审批机构申请批准或备案。

5.3 社会管理计划实施的监测评估

5.3.1 在项目实施阶段，为充分、及时地获得有关社会管理计划的实施信息，应做好监测与评估工作，作为衡量项目实施成功与否的重要依据。

5.3.2 社会管理计划实施的监测评估主要内容包括：

1. 根据社会管理计划确定的社会监测与评估指标，对社会管理计划的执行情况进行跟踪监测与评估。
2. 依据跟踪监测的调查成果，分析评估项目实际产生的社会影响，评估项目满足目标群体需求的程度。

3. 重点跟踪各类负面影响减缓行动方案的执行情况，及时提出消除项目社会目标实现障碍的措施等，必要时可提出调整方案。

4. 对项目执行过程中存在的社会问题、社会风险进行识别和分析，提出纠正与完善的措施建议。

5.3.3 社会管理计划实施的监测评估应由项目单位委托具有社会评价相应资质、经验和能力的且独立于项目设计、审批、建设、施工、管理等利益相关机构的第三方（机构或人员）承担。

6 征收补偿方案及实施

6.1 对于涉及农村集体土地征收、国有土地使用权收回、城市国有土地上房屋征收的市政项目，应根据相关规定，编制征收补偿方案，进行专项审查和批准。

6.2 市政项目征收补偿安置工作应遵循以下基本原则：

1. 应尽可能避免或最大限度地减少土地和房屋征收及其导致的非自愿移民数量。

2. 如征收不可避免时，应以恢复无项目状态下非自愿移民的收入和生活水平作为征收补偿安置的最低目标，并力求有所改善，在可能的情况下，共享项目产生的效益。

6.3 征收补偿方案

6.3.1 征收补偿方案应在社会影响分析、社会风险分析的基础上编制，并按照方案组织实施。

6.3.2 社会经济调查是编制征收补偿方案的基础，包括征收实物指标调查和非自愿移民社会经济状况调查两个部分。

1. 征收实物指标调查，应对由于项目建设征收所造成的土地、房屋、人口、设施、地面附属物等损失进行全面、细致地调查，明确所有影响对象的数量、质量、权属、性质，并满足深度要求（具体内容详见附录1“市政项目房屋征收实物调查要求”）。

2. 非自愿移民的社会经济状况调查，应对当地社会经济状况和受影响群体（包括个人、家庭、单位）的基本信息进行全面调查，对受影响群体的家庭人口、就业状况、经济收入、消费支出等主要社会经济状况，以及与项目有关的社会经济心理状况进行抽样调查。

6.3.3 在全面、细致调查研究的基础上，应组织利益相关者参与征收补偿安置政策、方案的协商活动，进而制定切实可行的征收补偿方案（具体内容详见附录2“市政项目房屋征收补偿方案报告编写大纲”）。

6.3.4 征收补偿方案应符合国家有关法律法规规定，及时公告，听取利害关系人的意见反馈，依法获得审查批准。

6.4 征收补偿安置实施

6.4.1 在项目实施阶段，征收补偿安置活动应按照方案组织实施。

6.4.2 项目涉及的国有土地使用权收回，应按照《中华人民共和国土地管理法》和《中华人民共和国房地产管理法》及其相关配套法规及所在城市有关土地法规执行，由国土资源行政主管部门负责收回国有土地，采取国家规定的形式对土地使用权予以转让，并依法对原土地使用者予以合理补偿和妥善安置。

6.4.3 项目涉及的国有土地上的房屋及建筑物、构筑物征收，应按照中华人民共和国《国有土地上房屋征收与补偿条例》及其相关配套法规执行，由房屋征收部门提出征收补偿方案，报市、县级人民政府审查批准，由房屋征收部门或其委托的机构负责实施，由房屋征收部门与被征收人签订征收补偿安置协议，房屋征收部门对被征收人予以公平补偿和妥善安置。

6.4.4 项目涉及的农村集体土地征收，应按照《中华人民共和国土地管理法》及其相关配套法规及所在省、自治区、直辖市有关土地法规执行，由国土资源行政主管部门负责征收农村集体经济组织的土地并转为国家所有建设用地，对于原土地所有者、使用者予以合理补偿和妥善安置，并采取国家规定的形式对土地使用权予以转让。

6.4.5 项目涉及的农村集体土地上的房屋及建筑物、构筑物征收，应按照《中华人民共和国土地管理法》及其相关配套法规及所在省、自治区、直辖市有关集体土地上房屋征收法规执行，由征收人与被征收人签订征收补偿安置协议，征收人对被征收人予以合理补偿和妥善安置。

6.5 征收补偿安置实施的监测评估

6.5.1 为规范和指导地方国土资源行政主管部门、房屋征收管理部门、项目单位、实施机构、外部监测机构进行征收补偿安置活动，确保征收补偿安置活动有序、规范、高效地进行，有关各方应及时了解征收补偿安置实施情况，发现和纠正征收补偿安置活动中存在的问题，确保征收补偿安置活动按照经过批准的征收补偿方案顺利地实施，最终达到妥善安置非自愿移民的目标，同时应对征收补偿安置进行内部监测和外部监测评估工作。

6.5.2 内部监测，由项目单位和实施机构依靠自上而下的管理系统对征收补偿方案的实施进行连续的内部监控，以全面、及时、准确地掌握征收补偿安置活动的进展，发现和解决问题，为顺利实施征收补偿安置工作提供决策依据。

6.5.3 外部监测评估，由项目单位委托具有社会评价相应资质、经验和能力的独立于项目设计、审批、建设、管理、实施等利益相关机构的第三方（机构或人员），对征收补偿安置活动进行的周期性的监测和客观评估。通过现场调查访问等方法，对征收补偿安置活动进行数据和信息的收集，在此基础上对项目征收补偿安置实施工作进行客观评估，对于发现的已经存在的或潜在的问题，提出解决问题的意见和建议，并反馈给国家或地方政府中国土资源行政主管部门和房屋征收管理部门、项目单位和实施机构，推动征收补偿安置实施工作的不断改进和完善。

6.5.4 征收补偿安置监测评估的依据包括：

1. 国家和县级以上人民政府有关征收补偿安置的相关法律、行政法规。
2. 国家或县级以上人民政府针对项目制定的政策性文件。
3. 经过国家或县级以上人民政府及其委托机构批准的征收补偿方案等。

6.5.5 征收补偿安置活动监测一般应覆盖如下内容：项目影响；政策与补偿标准；实施进度；预算及其执行情况；生产就业安置；居民房屋重建与生活安置；工矿企业及事业单位、商业店铺和各类专项设施的恢复重建；抱怨、申诉、公众参与、协商、信息公开；组织机构；对地方政府土地、房屋征收管理部门检查中发现的有关问题的处理；尚存在的问题及其解决方案和措施。

6.5.6 征收补偿安置监测评估的周期可视项目社会影响的复杂程度、所处的实施阶段、内部监测和外部监测等方面有所差异。内部监测是连续的过程，其中全面的监测活动至少每个季度进行一次；在征收补偿安置的关键时期，监测应该增加频次。外部监测评估机构在征收补偿安置实施活动开始前进行一次基底调查，确定征收前非自愿移民和安置区居民生产生活水平，建立比较的标准；在项目初期，监测评估主要反映项目征收补偿方案的准备、批准、实施情况，监测工作半年一次；在项目的后期，监测评估的重点转向收入恢复和遗留问题处理等，监测工作一年一次；在项目结束且非自愿移民的生活水平恢复到搬迁前水平后，进行总结性调查，亦可根据需要进行专题调查。

7 不同层次、阶段的社会评价

7.1 不同层次的社会评价

社会评价应从规划和项目两个层次进行。城市发展规划集中体现了城市社会发展的总体要求，符合规划要求是项目得以确立、实施和生存的必要条件，对项目具有重要的指导意义。同时，作为实现规划发展目标的重要手段和途径，项目目标必须有助于规划目标的实现。

市政项目社会评价应从城市发展规划的高度和项目自身两个层面和角度，分析和评价规划对项目的指导和约束作用，以及项目对实现规划目标的影响和贡献。

7.1.1 规划层次的社会评价。规划层次的社会评价主要分析城市发展规划对项目的指导和约束作用：

1. 城市发展规划的社会发展目标及其优先次序对项目社会、经济目标的影响。

2. 项目所在地的社会发展对项目社会目标的制约作用。

3. 项目受益者的范围与城市规划的社会发展目标优先顺序的一致性。

7.1.2 项目层次的社会评价。项目层次的社会评价主要分析项目对实现规划目标的作用和影响：

1. 项目社会目标是否与规划的社会发展目标的要求相一致。

2. 项目建设对实现规划社会发展目标的贡献。

3. 项目建设对实现规划社会发展目标的负面影响。

4. 项目投资的效率水平。

5. 项目实现规划社会发展目标的持续能力和作用。

6. 项目效益的社会公平分配。

7.2 不同阶段的社会评价

根据我国投资管理体制的要求，项目周期划分为项目前期、项目准备、项目建设实施和项目运营四个阶段。在项目周期的不同阶段，项目具有不同的特征，社会评价工作内容和重点相应地有不同要求。

7.2.1 项目前期阶段的社会评价。

1. 项目前期阶段的主要任务是完成项目的规划设计和预测分析，提出项目的基本设想、规划主要建设内容、分析可能的建设环境和条件、预测项目未来的投资效果和效益、对风险进行分析判断。项目建议书和可行性研究是项目前期阶段的主要工作形式。

2. 项目建议书阶段，社会评价的主要任务是完成项目的初步社会评价，配合项目的规划和可行性研究工作，对项目的社会因素进行初步的分析评价，判断项目可能面临的社会风险及社会可行性。项目建议书阶段的初步社会评价，主要包括以下内容：

（1）调查了解当地的社会经济现状与有关社区的基本情况，明确项目目标与当地社会发展目标和要求的适应性；

（2）识别项目的主要社会因素，明确需要进一步评价的社会事项；

（3）识别项目的利益相关者；

（4）预测、评价拟建项目可能产生的主要社会效益、社会影响；

（5）了解各利益相关者的基本需要，包括主要利益相关者的基本要求及其对拟建项目的态度、各个群体对项目接受性的初步评价；

（6）初步预测项目的社会影响及其引起的社会问题的复杂程度，分析项目可能面临的社会风险；

（7）识别是否需要进行详细社会评价，明确下一阶段社会评价需要重点关注的主要社会事项和社会评价工作；

（8）从社会评价角度判断拟建项目是否可以批准立项。

3. 项目可行性研究阶段，社会评价的主要任务是在项目建议书的基础上，全面深入地分析项目的社会效益与影响，以及项目与社会的相互适应性，以增强项目的有利影响，减轻不利影响，规避社会风险。这一阶段社会评价的作用是将社会变量纳入项目方案（如厂址、技术的选择等）的设计过程，并从社会层面论证项目的可行性，编制社会管理计划、征收补偿方案。项目可行性研究阶段的社会评价主要包括以下内容：

（1）在初步社会评价的基础上，进一步识别和确认利益相关者；

（2）对主要利益相关者进行详细、深入、系统的社会调查；

（3）进一步深入分析项目的社会影响、社会适应性和社会可接受性；

（4）进一步识别影响项目实施及可持续性的主要社会风险，提出避免或减少风险的措施建议；

（5）将目标群体或当地社区直接受影响群体的诉求及其社会文化特征等因素纳入项目方案设计中加以考虑，以优化项目设计方案；

（6）提出项目目标群体或受影响的社区群体参与项目活动的规划或计划；

（7）提出减轻或消除项目不利社会影响的措施方案及对受损群体的补偿措施方案；

（8）提出可行的项目社会管理计划、征收补偿方案；

（9）在上述各项内容分析的基础上对项目进行详细的社会评价，得出评价结论。

4. 在项目前期阶段，社会评价报告可作为项目建议书或可行性研究报告的一个部分或单独的报告；社会管理计划、征收补偿方案应单独报告。

7.2.2 项目准备阶段的社会评价。

1. 项目前期阶段完成的社会评价报告是准备阶段社会评价工作的基础。项目准备阶段社会评价的主要工作是结合项目建设的准备情况对前期阶段完成的评价结论做进一步的分析和修订。

2. 应根据实际情况的变化，进一步分析论证项目产生的社会影响、受影响利益群体的诉求和反应、项目面临的社会风险的新变化，考察项目建设所面临的社会环境和条件的变化趋势，提出尽可能规避社会风险的措施方案。

3. 在分析项目社会环境和条件的新变化的基础上，与前期阶段的预测结果进行对比。通过对比分析判断因建设环境和条件变化所产生的对项目及利益相关者的影响，进一步评价项目建设面临的社会风险，提出化解社会风险的新方案。

4. 在分析项目建设环境和条件变化的基础上，需要对项目进入实施阶段后面临的社会环境和条件进行预测分析，以指导项目的建设实施。

5. 依据社会环境和条件的变化以及项目前期阶段的社会评价成果，修订社会管理计划、征收补偿方案，并根据规定报主管部门审批。

7.2.3 项目实施阶段的社会评价。

1. 进入实施阶段后，项目产生的社会影响逐步显现，受影响利益群体对项目的反应已开始出现并对项目产生作用，社会评价的重点是对已经发生的影响和相关反应做出分析，并对未来的变化进行预测。

2. 在实施阶段，项目建设处于动态变化过程中，社会评价构成项目建设实施动态监测的一个重要组成部分。前期阶段和准备阶段形成的社会评价报告、社会管理计划、征收补偿方案是动态监测的基础。

3. 实施阶段的社会评价，应将实际发生的情况与前期和准备阶段预测的社会事项、社会管理计划、征收补偿方案进行对比，及时发现新的问题和潜在的风险，并对项目建设实施方案和社会管理计划进行必要的修订。

4. 在动态监测过程中，社会评价工作包括实际情况的总结和未来的预测分析与措施建议。

7.2.4 项目运营阶段的社会评价。

1. 进入运营阶段，项目已经建设完成并开始全面发挥效益和影响，社会评价的重点是对实际发生的影响进行深入分析，了解掌握项目对当地社区、人口、主要利益相关者造成的实际影响及发展趋势，准确判断受影响群体对项目的真实反应。

2. 运营阶段的社会评价，应在上述三个阶段分析的基础上，重新对项目的社会目标及其社会影响范围、程度进行分析和评价，以准确判断项目产生的影响、受影响利益群体的反应、项目与当地社会的相互适应性、项目面临的社会风险，并提出化解社会风险的方案与措施，保障项目的社会可持续性。

3. 运营阶段的社会评价，应注重对项目影响以及受影响利益群体反应的实际调查，根据事实采用对比方法进行分析。

4. 运营阶段的社会评价，是项目后评价的重要组成部分，评价的结果应成为后续类似项目决策的参考依据。

8 社会评价采用的方法

8.1 社会调查方法

8.1.1 社会调查方法分为直接调查方法和间接调查方法两大类。

8.1.2 直接调查方法包括专家讨论会法、访谈法、参与式观察法和现场考察法。专家讨论会法通过邀请有关专家讨论来获取所需信息。访谈法通过与被调查对象面对面的座谈来获取所需信息，包括个别访谈和集体访谈两种形式。参与式观察法通过调查者参与项目区域内受影响群体的活动，以实际的内部观察获取所需信息。现场考察法通过深入现场获取所需社会信息。

8.1.3 间接调查方法包括文献调查法和问卷调查法。文献调查法是项目社会调查的基础，通过收集有关的各种文献资料，摘取其中对社会评价有用的社会信息。问卷调查法以书面问卷的形式进行社会调查，通过问卷的设计了解与项目相关的社会信息。问卷调查法包括开放式问卷、封闭式问卷和半开放半封闭式问卷三种形式。

8.1.4 不同的社会调查方法有不同的优势和缺陷，进行社会调查时可根据情况适当选用。

8.2 定性分析与定量分析方法

8.2.1 定性分析方法。定性分析方法主要采用文字描述，通过前后因果关系和逻辑关系的分析，对项目产生的影响及其后果进行全过程的分析评价。

8.2.2 定量分析方法。定量分析方法主要采用统一的计量量纲，用一定的计算公式与判别标准（参数），通过数量演算反映评价项目的影响及其后果。

8.3 对比分析方法

对比分析方法包括前后对比分析和有无对比分析。前后对比分析通过项目实施前后的情况来对比分析项目实施后受影响区域的总体变化。有无对比分析通过“有项目”和“无项目”情况下受影响区域的发展变化的对比来分析项目实际产生的影响和效果。前后对比的分析包括了非项目因素产生的变化，评价的是整个受影响区域的总体情况；有无对比的分析剔除了非项目因素的作用，评价的是项目本身产生的影响和效果。

8.4 逻辑框架分析方法

8.4.1 逻辑框架是一种概念化论述项目的方法，通过用简单的框图来清晰地分析一个复杂项目的内涵和关系，其核心概念是对项目不同层次、不同阶段间的因果逻辑关系进行分析评价，即“如果”提供了某种条件，“那么”就会产生某种结果，这些条件包括项目内在的因素和项目建设所需要的外部条件。

8.4.2 逻辑框架的基本模式是一个 4×4 的矩阵，如下所示：

逻辑框架矩阵基本格式

层次描述	客观验证指标	验证方法及手段	重要外部条件
目标/影响	目标指标	监测和监督手段及方法	实现目标的主要条件
目的/作用	目的指标	监测和监督手段及方法	实现目的的主要条件

续表

层次描述	客观验证指标	验证方法及手段	重要外部条件
产出/结果	产出物定量指标	监测和监督手段及方法	实现产出的主要条件
投入/措施	投入物定量指标	监测和监督手段及方法	落实投入的主要条件

8.4.3 逻辑框架分析关注项目的垂直逻辑关系和水平逻辑关系两个方面。垂直逻辑关系指的是“投入／措施→产出／结果→目的／作用→目标／影响”的垂直因果关系或层次关系。水平逻辑关系对应垂直逻辑关系的每个层次，通过验证指标、验证方法和重要的外部条件来分析评价项目的资源和成果。

8.5 利益相关者分析方法

8.5.1 利益相关者分析法通过分析和判断与项目有直接和间接利益关系的群体在项目中受到的影响、对项目的反应以及对项目的影响力来评价不同的利益群体在项目建设过程中的地位和作用，并据此判断项目与受影响利益群体之间的相互关系和适应性。

8.5.2 利益相关者分析一般按照四个步骤进行：第一要根据受项目影响的程度、与项目的关系来识别不同的利益相关者；第二要分析评价不同的利益相关者对项目的反应和作用；第三要根据项目的目标对不同利益相关者的重要性进行分析评价，第四要制定不同利益相关者能平等参与项目的方案。

8.6 参与式方法

8.6.1 参与式方法是通过一系列的方法或措施，促使受项目影响的各个利益相关者积极全面地介入项目建设和监督管理过程的一种方法。其核心是受影响的各个利益相关者直接或间接参与项目相关工作，包括参与式评价和参与式行动两个方面。

8.6.2 参与式评价指受影响利益相关者参与项目评价工作。通过各个利益相关者对项目的评价，可以直接了解受影响群体的真实需求和实际的信息，补充和完善专家知识，提高评价水平，减少社会矛盾和问题。参与式评价应贯穿于项目全过程。

8.6.3 参与式行动指受影响利益相关者参与项目设计与建设工作，促进各个利益相关者与项目之间的沟通和理解，减缓相互之间的矛盾和冲突，协调各方利益关系，进一步使受益群体的行动促进和改善项目建设，受损群体的利益损失得到更加合理的补偿。

9　社会评价的实施

9.1　社会评价的实施主体

9.1.1　社会评价工作由项目单位委托有经验的机构或人员开展，一般应在项目前期工作开展的初期制定社会评价工作计划，开展社会评价工作。

9.1.2　项目的社会评价应贯穿项目周期各个阶段。针对项目的特点和实际情况，也可在项目周期的某些阶段开展社会评价工作。

9.1.3　社会评价人员应由具备社会学、经济学等多种学科专业知识的人员共同组成。

9.2　社会评价工作的程序

9.2.1　开展社会评价的一般程序包括：工作委托、实施评价、提交评价报告、评价报告审查、评价报告发布。

9.2.2　工作委托。项目单位在委托有关机构开展项目前期工作时，应同时委托有资质的机构或咨询人员开展社会评价工作。委托方与受托方签订工作合同时应明确评价任务、报告要求及提交方式。

9.2.3　实施评价。社会评价工作要与项目周期各个阶段的其他评价同步进行。在项目前期工作阶段，一般应与项目建议书和可行性研究（以下统称可行性研究）同步进行，并可作为可行性研究报告的一部分。对社会影响较大的项目，应单独提交社会评价报告。在项目实施中，根据需要可每年或在项目实施中的特定阶段开展；对需要开展后评价的项目，一般宜包括社会评价。社会评价人员可以根据需要采用不同方法开展社会评价。在开展社会评价中要注意不同方法之间的综合运用和相互补充。对于涉及征收补偿安置活动的项目，应进行征收实物调查和社会经济调查，并编制征收补偿方案。

9.2.4　提交评价报告。社会评价结果一般以报告形式提交。评价报告应反映评价者的独立意见。提交的报告不仅包括正文，还应包括有价值的案例、访谈记录、会议记录等，这些资料应作为评价报告的附件一起提交。

9.2.5　审查评价报告。项目单位负责对评价报告的审查并提出修改意见。在前期工作阶段，社会评价报告可以单独审查，也可以作为可行性研究报告的一部分，在审查可行性研究报告时一并审查。对评价报告的审查以双方签订的工作合同为依据，但应尊重评价者独立的评价结论。

9.2.6　审批评价报告。对于前期阶段和准备阶段的社会评价报告，应按照国家规定的权限及程序，由项目审批部门及相关政府部门在批准可行性研究报告或项目核准报告时，对社会评价报告及社会管理计划、征收补偿方案同时进行审查和批准。实施阶段和后评价阶段的社会评价报告是否需要审批，应根据国家有关规定执行。

9.3　社会评价的步骤

9.3.1　各个阶段社会评价的重点有所不同，社会评价工作应随着项目的进展逐步深入进行。社会评价步骤包括制定工作大纲、评价工作准备、实地调查、编写报告。

9.3.2　制定工作大纲。由承担社会评价的人员制定工作大纲。工作大纲包括人员分工、工作方法、主要工作内容、实地调查地点的选择、评价报告大纲、工作进度等。工作大纲应得到委托单位的同意，并作为委托合同的重要部分。

9.3.3 评价工作准备。评价准备工作主要是收集资料数据，进行调查设计。在开展实地调查前应收集与项目有关的资料、文献、相关政策并进行充分研究，根据评价工作需要，进行调查问卷、访谈提纲、专题研究大纲及其他必要的工具设计。

9.3.4 实地调查。实地调查包括基本情况调查、现场访谈、座谈和实地考察。调查包括对房屋、设施、人口、土地进行实物调查；访谈和座谈包括对不同利益相关者的访问与座谈，听取他们的意见。应根据实地调查的结果，适时对评价报告的结构和内容进行修改和完善。

9.3.5 编写报告。社会评价报告应在对评价工作结果汇总分析的基础上形成。报告应包括评价目标、评价方法、评价内容、评价结论、主要建议以及社会管理计划。实施阶段的社会评价报告还应当包括监测评估建议。有征地安置的项目，应根据规定编制征收补偿方案。

9.4 社会评价结果的应用

9.4.1 在项目前期阶段，项目社会评价结果和建议是项目决策的重要依据之一，项目投资者和决策部门应充分利用社会评价结果，规避项目风险，提高投资效益。在项目准备阶段，社会评价提出的建议、社会管理计划、征收补偿方案需要在优化项目设计方案中给予考虑。在项目实施中，社会评价的结果可以作为改善项目管理的重要手段，作为项目计划、项目实施管理和项目调整的依据。在项目后评价中，社会评价除对被评价项目的社会效益和影响进行评价外，其结果还可以为政策对话、机制调整提供依据。

9.4.2 经过审批的社会管理计划、征收补偿方案应作为项目建设、运营阶段实施、监督、监测、评估、验收、后评价的依据。

9.4.3 项目准备阶段的社会评价所识别的主要社会事项应作为重要的监测内容列入项目监测体系中。

9.4.4 项目实施中的社会评价不仅是监测的重要内容，还应作为改进项目管理的重要依据。作为项目后评价组成部分的社会评价，其结果应作为后续类似项目的决策基础。

10 市政项目社会评价要点

10.1 市政项目社会评价内容和范围

市政项目社会评价应根据当地经济社会环境与条件、行业特点、项目特征等实际情况，识别对项目可能产生重要影响的社会因素和潜在的社会风险，选择评价内容，确定评价重点。

市政项目社会评价应考虑其网络性和系统性特点，将项目建设所需的相关配套条件及外部环境的社会影响因素纳入项目分析与评价范围。

10.2 市政项目类型划分

本导则将市政项目按功能、影响和效益特征划分为以下四种类型：

1. 道路、桥梁和快速轨道交通建设项目。

2. 供水、供热和燃气建设项目。

3. 污水处理和生活垃圾处理建设项目。

4. 园林绿化建设项目。

10.3 道路、桥梁和快速轨道交通建设项目

本导则所指道路、桥梁和快速轨道交通建设项目包括城市道路（含高架路）、高速路、桥梁、轻轨和地铁。

1. 项目主要社会影响

（1）有利影响：

1）为公众出行提供便利，节约出行时间和出行成本，提高通行的舒适度；

2）促进人口流动和就业，促进农村人口在城市生存和发展，有利于缩小城乡差距，加快城镇化进程；

3）改善城市交通结构，提高物流效率，促进生产、销售、物流一体化发展；

4）改善城市的投资环境，加速城市对各种发展资源的吸附和聚集，促进城市经济和社会发展。

（2）不利影响：

1）项目可能涉及数量较大的征收补偿安置，可能对部分人群的利益造成损害；

2）道路沿线居民可能受空气浊化、噪声污染、环境嘈杂等不利影响，而导致健康受损，生活质量下降；

3）交通线路的安全隔离设施可能增加沿线居民绕行距离，造成出行不便。对违章穿行者，可能会带来生命危险。

2. 社会评价要点

（1）规划和相关政策对项目的作用和影响，项目对实现规划及相关政策的社会发展目标的影响和贡献；

（2）征收补偿安置活动可能产生的各种社会问题及潜在的社会风险；

（3）在路权分配、交通安全防护设施和安全标识的设置上是否体现对交通相对弱势群体（如老年人、儿童、残疾人、步行者、骑车人等）出行权益的尊重和维护；

（4）地面交通线路是否尽可能避让文物古迹、历史街区、学校、少数民族聚集区等区域；是否采取有效措施，尽可能减小道路沿线的空气、噪音污染、环境嘈杂等对附近居民带来的不利影响；

（5）地铁建设和运营是否尽可能减少对振动敏感建筑物、居民居住环境和既有市政地下构筑物、管线等造成的不利影响；地铁车站在残疾人设施、公共厕所、标识牌、换乘通道距离、通风换气等方面是否做到"人性化设计"；

（6）对于设置安全隔离设施的交通线路，是否考虑并采取有效措施，解决沿线居民到道路对面办事时的出行便利和安全问题；

（7）交通改善可能带来项目周边土地升值，房价、租金和生活资料的上涨是否导致贫困家庭、残疾人家庭、低收入人群等弱势群体的处境更加边缘化等。

10.4 供水、供热和燃气建设项目

1. 项目主要社会影响

（1）有利影响：

1）保障社会需求的供给，提高居民的生活水平和生活质量；

2）改善城市环境卫生状况，保障公众身体健康，减少疾病，延长寿命；

3）为城市工业、服务业等提供基本生产要素，促进城市经济和产业的发展；

4）促进合理利用自然资源，节约土地、资源和能源。

（2）不利影响：

1）涉及征收补偿安置活动的项目，可能对部分人群的利益造成损害；

2）涉及供水水源地保护的项目，可能使水源保护区内居民的生计受到影响；

3）伴随市政基础设施建设标准、产品质量标准等的逐步提高，市政公共产品价格政策可能调整，使城市贫困人口和低收入群体在享受优质公共服务的同时也增加了经济负担，如救助措施不到位，可能导致其实际生活水平下降。

2. 社会评价要点

（1）规划和相关政策对项目的作用和影响，项目对实现规划及相关政策的社会发展目标的影响和贡献；

（2）征收补偿安置活动可能产生的各种社会问题及潜在的社会风险；

（3）项目建设可能引起社会服务政策和公共产品价格的调整，政府是否充分考虑了贫困人口和低收入群体的支付意愿和支付能力，是否采取有效措施保证对其基本生活用水、暖和燃气的供应，使他们的基本生活水平不降低，保障他们的实际利益；

（4）对受水源地保护政策影响而限制发展经济的人群，是否考虑到其生计和可持续发展问题，并提出合理的解决措施和途径。

10.5 污水处理和生活垃圾处理建设项目

1. 项目主要社会影响

（1）有利影响：

1）保护和改善城市生态与环境质量（包括空气、水体、土壤等）；

2）改善城市环境卫生状况，保障公众身体健康，减少疾病，延长寿命；

3）改善城市发展环境和投资环境，促进旅游业、服务业等的发展；

4）促进合理利用和节约土地、资源和能源。

5）促进生活垃圾和污水的减量化、资源化和无害化，促进循环经济发展，减少温室气体排放。

（2）不利影响：

1）项目运营过程中产生的臭味、有毒有害气体、飞灰和渗沥液等污染物，如不能严格按照有关环境卫生标准进行处理处置和安全排放，或政府监管不到位等情况，会对项目周边环境造成二次污染，影响周围群众的身体健康和生活质量，可能引发社会矛盾，影响社会稳定；

2）项目都会涉及征收补偿安置活动，可能对部分人群的利益造成损害；

3）项目实施可能会使当地执行更严格的环境政策和调整服务收费政策，给贫困人口和低收入群体带来经济上的压力。

2. 社会评价要点：

（1）规划及相关政策对项目的作用和影响，项目对实现规划及相关政策的社会发展目标的影响和贡献；

（2）征收补偿安置活动可能产生的各种社会问题及潜在的社会风险；

（3）是否充分考虑项目潜在的利益受损者对项目的知情权、参与权、监督权和话语权，他们的实际利益能否得到保障；

（4）项目潜在的利益受损者对项目所持的态度及持续性影响；

（5）对项目建设可能引起社会服务政策或公共产品价格调整，是否采取有效措施，减轻因价格调整可能给贫困人口和低收入群体带来的经济压力等。

10.6 城市园林绿化建设项目

1. 项目主要社会影响

（1）有利影响：

1）净化空气、吸收有害气体、滞尘降尘、降低噪声、调节和改善城市气候等作用，改善城市环境质量，保护人体健康；

2）为植物、动物、鸟类和微生物等提供适生的栖息地，恢复和补偿城市建设过程中对生物多样性造成的破坏，对发挥城市中自然生态系统功能，实现“人与自然和谐共存”具有重要意义；

3）绿化和美化城市环境，满足人们追求返璞归真、亲近自然的美好愿望，改善城市的生态环境，为公众提供休憩、运动、娱乐和教育的场所，满足人们休闲和生活需求，实现物质和精神上的双重享受。

（2）不利影响：

1）城市大面积绿地建设和绿化隔离带建设，都要涉及较大规模的征收补偿安置活动，如征收补偿安置处理不当，会对部分人群的利益造成损害；

2）项目设计和实施过程中如不顾当地自然条件和植物特性（如盲目引进珍贵树种、从自然界移植大型乔木、大量铺设人工草坪、在缺水地区大造人工水景等），不仅会使投入及以后的管理、养护工作量增加，还可能达不到预期生态效益目标。从自然界移植大型乔木做法，会对树木移出地的生态环境造成破坏，给当地环境和社会带来负面影响。

2. 社会评价要点：

（1）规划及相关政策对项目的作用和影响，项目对实现规划及相关政策的社会发展目标的影响和贡献；

（2）征收补偿安置活动可能产生的各种社会问题及潜在的社会风险；

（3）公园中游人的公共空间是否按照相关规定设置并得到有效保障；

（4）公园厕所、果皮箱、园灯、园椅等设施是否按照相关规范设置，并做到“人性化设计”；

（5）是否积极向公众宣传和普及绿化科学知识，增强公众履行绿化义务和保护绿化成果的意识等。

附录1

市政项目房屋征收实物调查要求

1. 土地调查，需要按照分行政区或土地使用权属，查清项目征用、收回、临时占用的各类土地的性质、面积和权属。

2. 人口调查，需要以居民委员会（行政村）或居民小组（村民小组）为单位，按照房屋及户籍，逐户全面调查，计算征地影响人口、房屋征收影响人口和其他影响人口。

3. 住宅调查，需要以户为单位，按房屋的结构、用途、建筑面积，区分房屋的所有权、使用权和房屋用地的性质，逐户全面调查，逐栋丈量登记造册。

4. 对办公用房、商业设施和工业企业等的调查，需要按房屋的结构、用途、建筑面积，区分房屋的所有权、使用权和房屋用地的性质，逐单位全面调查，逐栋丈量登记造册。

5. 对受影响的道路、给水、排水、防洪、绿化、环卫、电力、邮政、通信、广播、有线电视设施、文化遗产等各类受影响专业项目，需要进行专项调查，登记造册。

附录2

市政项目房屋征收补偿方案报告编写大纲

（参考文本）

1　项目基本情况

1.1　项目简要描述

1.2　项目受益地区和影响地区

1.2.1　项目受益地区

1.2.2　项目影响地区

1.3　项目设计过程

1.4　项目的总投资和资金来源

2　项目区社会经济状况

2.1　项目市（区）社会经济背景

2.2　项目影响街道和社区社会经济概况

2.3　项目影响乡镇和农村社会经济概况

2.4　社会经济调查

2.4.1　受影响人口抽样调查

2.4.2　受影响企事业单位基本情况调查

2.4.3　受影响商业店铺基本情况抽样调查

2.5　性别分析

2.5.1　教育上的性别差异

2.5.2　土地权益上的性别差异

2.5.3　职业和收入上的性别差异

2.5.4　不同性别人群对征收补偿安置方面的期望

3　项目影响

3.1　项目影响类别

3.2　调查方法及过程

3.3　受影响土地

3.3.1　农村集体土地征收

3.3.2　国有土地永久占用

3.3.3　农村集体土地临时占地

3.3.4　国有土地临时占地

3.4　房屋征收

3.4.1　受影响居民住房

3.4.2　受影响企事业单位

3.4.3　受影响店铺（含连家店）

6.3 抱怨与申诉程序

7 机构

7.1 征收补偿安置相关机构

7.2 组织机构图

7.3 机构经验及人员配备

7.4 相关机构的职责分工

7.5 加强机构能力的措施

8 费用及预算

8.1 征收费用估算

8.2 分年投资计划

8.3 资金来源

8.4 资金流向及拨付计划

8.4.1 资金流程

8.4.2 拨付计划

9 实施时间表

9.1 征收补偿安置与项目建设的进度衔接原则

9.2 永久征地与临时占地征收补偿安置程序及关键任务

9.3 国有土地收回使用程序及关键任务

9.4 居民房屋征收安置程序及关键任务

9.5 企事业单位安置程序及关键任务

9.6 商业店铺安置程序及关键任务

9.7 征收补偿安置实施关键任务时间表

9.7.1 征收补偿安置实施工作时间表制定原则

9.7.2 征收补偿安置活动总进度计划（甘特图）

10 监测评估

10.1 内部监测

10.1.1 目的与任务

10.1.2 机构与人员

10.1.3 实施程序

10.1.4 监测内容

10.1.5 内部监测报告

10.1.6 征收补偿安置完成报告

10.2 外部独立监测

10.2.1 独立监测机构

10.2.2 目标与任务

10.2.3 监测步骤及内容

10.2.4 监测指标

10.2.5 外部监测报告

11　附件

11.1　附件1　项目示意图

11.2　附件2　相关法律法规

11.3　附件3　征收补偿安置信息手册

11.4　附件4　外部监测评估任务书

11.5　附件5　公众参与会议纪要

11.6　附件6　房屋征收影响情况详表

11.7　附件7　永久征地和国有土地使用情况详表

附录3

市政项目社会评价报告编写大纲

（参考文本，适用于项目前期阶段和准备阶段）

1　前言

1.1　项目概述

1.2　社会评价的任务与目标

1.3　社会评价依据

1.4　工作范围与主要内容

1.5　现场调查过程

1.6　调查方法

1.7　社会评价方法

1.8　社会评价工作步骤（根据项目当前所处阶段列）

1.9　社会评价机构

2　社会经济基本情况与项目背景

2.1　项目区社会经济基本情况

2.1.1　项目区基本情况（包括经济、人口、资源、基础设施、机构组织等）

2.1.2　妇女儿童

2.1.3　流动人口

2.1.4　贫困人口

2.1.4.1　城市贫困人口

2.1.4.2　农村贫困人口

2.1.5　少数民族

2.2　项目背景

2.2.1　项目组成

2.2.2　土地与房屋征收直接影响区

2.2.3　项目受益区

2.2.4　选址比较分析

2.3　城市发展规划和相关政策对项目的作用和影响

3　社会影响分析

3.1　项目的经济层面影响

3.1.1　项目区域经济与当地产业发展

3.1.2　居民收入与分配

3.1.3　就业

3.1.4　居民生活水平和质量

3.1.5　基础设施与社会服务

3.1.6 城市化进程

3.1.7 弱势群体

3.1.8 支付意愿与支付能力

3.1.9 各类型项目导致的其他影响

3.2 项目的社会层面影响

3.2.1 社会环境与条件

3.2.1.1 人文环境

3.2.1.2 教育

3.2.1.3 卫生

3.2.2 文化遗产

3.2.3 宗教设施

3.2.4 特殊群体影响分析

3.2.4.1 贫困分析

3.2.4.2 社会性别分析

3.2.4.3 少数民族影响分析

3.2.4.4 非自愿移民分析

3.3 其他方面的社会影响

4 利益相关者分析

4.1 主要利益相关者的识别

4.1.1 受益者

4.1.2 受损者

4.1.3 既受益又受损者

4.1.4 其他利益相关者

4.1.5 弱势群体

4.2 主要利益相关者的诉求

4.3 项目对利益相关者的影响分析

4.4 利益相关者对项目的影响分析

4.5 组织机构分析

5 社会相互适应性分析

5.1 不同利益相关者与项目的相互适应性分析

5.2 项目与当地组织、社会结构的适应性分析

5.3 项目与当地技术、文化条件的相互适应性分析

6 社会风险分析

6.1 社会风险的鉴别（根据项目当前所处阶段列）

6.2 项目主要社会风险分析

6.2.1 征收补偿安置风险分析

6.2.2 民族与宗教事务风险分析

6.2.3 本项目其他突出的社会风险分析

6.3 社会风险规避的措施与方案

7　社会可持续性分析

7.1　社会发展效果可持续性分析

7.2　项目受益者支付能力及其对项目持续性的影响分析

7.3　项目可能的利益受损者对项目建设与运行的持续性的影响分析

8　政府公共职能评价

8.1　政府公共管理职能的评价

8.2　政府公共投资者地位和作用的评价

9　社会管理计划及其实施

9.1　社会管理计划

9.1.1　控制或减轻项目负面社会影响的措施

9.1.2　利益增强措施

9.1.3　利益相关者参与计划

9.1.3.1　参与目标

9.1.3.2　参与方法

9.1.3.3　公众参与与信息公开实施计划

9.1.3.4　抱怨与申诉机制

9.2　社会管理计划的实施

9.2.1　机构安排

9.2.2　资金预算及计划安排

9.2.3　实施计划与细则

9.2.4　突发事件预案

10　社会管理计划实施的监测评估

10.1　监测机构

10.2　目标与任务

10.3　监测步骤及内容

10.4　监测指标

10.5　监测报告

11　结论与建议

11.1　结论

11.2　建议

12　附件

12.1　附件一　项目示意图

12.2　附件二　相关访谈提纲与问卷

12.3　附件三　征收补偿方案（摘要）

附　件

市政公用设施建设项目
社会评价导则

条 文 说 明

目　录

1 总　　则

1.1 编制目的和背景

1. 开展市政项目社会评价是贯彻落实科学发展观的重要体现。科学发展观强调经济社会的发展要以人为中心，人是社会的主体，改善民生、构建和谐社会是人民美好的愿景，也是政府的重要职责。市政项目的产品或服务均为民众生活之必需，与社会公众的福利密切相关，是改善民生的重要方面。推动市政项目社会评价工作，有利于增强项目与当地社会环境的相互适应性，从源头上减少或化解因项目建设实施产生的社会矛盾和纠纷，促进经济社会和谐发展。

2. 开展市政项目社会评价是适应投资管理体制改革的要求。随着我国经济社会的快速发展，建设项目面临的制约条件已经发生了很大变化，技术、资金等内部性因素的约束作用开始降低，而社会、环境、生态、土地、资源、能源等外部因素的约束程度在加强。2004年，《国务院关于投资体制改革的决定》颁布，明确在国家宏观调控下充分发挥市场配置资源的基础性作用，确立了企业投资自主权，推行审批制、核准制和备案制。政府主要从维护经济安全、合理开发利用资源、保护生态环境、优化重大布局、保障公共利益、防止出现垄断等方面对项目进行核准。发展方式的转变决定了评价重心的调整，从只关注项目本身到同时关注项目的外部性影响；从以人为本的角度出发看待投资产生的作用和影响；更加关注投资活动对自然和生态环境、资源和能源利用带来的影响等。在国家发展改革委随后推出的一系列投资体制改革配套性文件，如《国家发展改革委关于发布项目申请报告通用文本的通知》、《关于企业投资项目咨询评估报告的若干要求》和《企业投资项目咨询评估报告编写大纲》等都包含了社会评价内容，为开展市政项目社会评价提供了充分的制度支撑和政策依据。

1.2 社会评价的目的和作用

社会评价的目的是判断项目的社会可行性，增强项目与当地社会环境的相互适应性，减少或避免因项目实施可能带来的不利社会影响，保证项目顺利实施和项目社会效果持续发挥所必要的社会条件，使项目各项社会发展目标得以实现，促进项目与经济社会协调发展。从社会评价对投资决策产生的作用和影响角度看，社会评价的作用主要体现在以下三个方面：

1. 有利于项目目标与社会发展目标的协调一致，避免单纯追求项目经济效益。一个项目除有经济效益外，还会产生环境影响和社会影响（包括正面和负面的）。许多项目由于片面追求经济效益，未开展社会评价，忽视了项目与当地社会环境的相互适应性，使项目预期发展目标难以实现；有的项目因征收补偿安置问题解决不好而导致群众利益受损，生计不可持续；有的项目因污染物排放问题解决的不好，导致周围群众身心健康受损等，给社会带来不利影响。实践证明，项目建设与社会发展能够协调配合，是促进经济发展目标和社会发展目标实现的基本前提，是建设和谐社会，实现以人为本的科学发展观的基本要求。

2. 有利于促进社会公平与和谐社会发展，减少社会矛盾和纠纷，防止可能产生的不利社会影响和后果，维护社会稳定。建设项目客观上都会对利益相关者产生有利影响和不利影响。有利影响对群众生活水平的提高和经济社会发展起到促进和推动作用；不利影响则会对部分人群、地区的局部利益和社会环境造成损害，由此产生社会矛盾和纠纷，甚至诱发社会风险，影响社会和谐稳定。为此，社会评价应当坚持以人为本，关注社会公平与和谐，把项目建设与当地群众的生活和发展联系起来，使项目照顾贫困人口和弱势群体的利益，充分估计项目建设可能产生的不利影响，预先采取措施，尽可能把不利影响降至最低。

3. 有利于规避或减缓项目建设和运营潜在的风险，提高投资效益。在项目前期研究阶段如果忽视社会评价，会使项目在建设和运营过程中与当地社会产生的各种矛盾得不到解决，导致工期拖延，投资加大，经济效益下降等，偏离项目预期发展目标。为此，社会评价应当关注利益相关者对项目的态度和诉求，分析项目能否满足当地群众的需求，采取有效措施消除项目可能带来的不利影响，规避或减缓项目建设和运营过程中潜在的社会风险，使项目能够顺利实施和投资效果持续发挥。

1.3 社会评价的适用范围

1. 社会评价适用于项目周期各个阶段。由于项目的策划、准备、实施、建成到运营等各个阶段是分步完成的，在不同的阶段，项目评价面临的社会环境和条件有所差别，使得项目评价内容也带有阶段性的变化。

2. 为与我国现行基本建设程序相适应，本导则将市政项目社会评价工作按照前期、准备、实施和运营四个阶段进行划分。每一个阶段的社会评价具体内容详见第七章“不同层次、阶段的社会评价”。

3. 规划的社会评价与项目的社会评价有所不同，但在思路和方法上并没有太大的差别，在针对规划的社会评价方法尚未出台之前，规划的社会评价可以先参照项目的社会评价方法使用。

1.4 社会评价的特点

1. 在项目周期的每一个阶段进行社会评价，可以对项目全过程产生的社会影响、社会风险、项目与当地社会环境的相互适应性等内容从因果关系和逻辑关系上进行全面的分析和把握，以减少或消除项目带来的负面影响，并在此基础上提出规避或减缓项目潜在社会风险的社会政策措施和建议，以确保项目实现预期目标。因此，社会评价强调评价工作要贯穿项目周期全过程，按照项目周期不同阶段的不同要求循序渐进进行社会评价。

2. 以人为本是社会评价的核心理念，如果项目可以为当地多样的社会群体提供均衡的发展机会，其社会效益可以被这些群体广泛地分享，项目设计与受项目影响的当地社会群体的文化和制度相协调，项目就被认为具有社会可行性。因此，社会评价要求从以人为本的角度出发看待投资产生的作用和影响，研究项目对人的影响以及人对项目的反作用，突出人与项目的关系是主动而非被动、人是发展主体的观念，同时重视项目与外部环境的互动作用及项目与社会的协调发展。

3. 社会发展目标是依据国家和地区的宏观经济和社会发展需要制定的。社会发展目标分国家、地方和（或）项目所在地区不同层次的发展目标，国家宏观层次的发展目标主要包括经济增长目标、国家安全目标、人口控制目标、提高就业目标、减贫目标等；地方和（或）项目所在地区层次的社会发展目标表现得更为具体，主要包括就业、扶贫、文化、教育、卫生保健等多方面。社会发展目标的多元性，决定了社会评价需要综合考察和分析社会生活各个领域与项目之间的相互关系和影响，围绕实现项目社会发展目标进行社会分析和评价。

4. 从不同角度观察和分析事物，可能得到不同的结果，要准确地把握事物的本质，需要从多个视角去观察和分析事物。好的社会评价要进行多视角的研究，通过多视角的社会观察和分析可以提供一个比较清晰的社会系统描述，揭示可能影响项目成功的社会体系并将其提供给项目社会发展目标的战略性设计，有利于项目社会效果的可持续发挥。

5. 公众参与是指通过一系列方法或措施，促使项目的利益相关者（利益各方）介入项目的决策、实施、管理和利益分享过程。随着我国城市化进程的快速发展，人民生活水平逐步提高，人们对生活质量的改善以及多样化需求有了更高的标准。随着人们教育程度、专业化素养以及社会主义市场经济体制下自我意识和维权意识的提高，人们对公共生活诸多领域包括政治的和社会的参与要求都会增长。将参与作为解决问题的一种机制纳入社会评价，有助于人们了解项目及项目决策过程，促进利益相关者之间的沟通和交流，以便了解和掌握不同利益相关者对项目的态度、可能产生的正面或负面影响，及时采取应对策略或措施，以减少决策失误。通过参与，有助于利益相关者，特别是处于最不利地位的利益相关者，有机会表达诉求和提出建议，以维护自身的合法权益；通过参与，有助于利益相关者在各种利益纷争中做到理性面对、协商、妥协、共赢，有利于化解或减缓社会矛盾或冲突，降低项目的社会风险，促进项目顺利实施和社会效果的持续发挥。

1.5 市政项目社会评价要考虑市政行业的特征

市政行业有其自身的特征，如公用性、公益性、自然垄断性、网络性和政府主导性。公用性可以定义为公众对公用事业产品使用权利的体现，如城市道路任何人都可以使用，城市地铁、公交车任何人都可以乘坐等。公益性是指生产公用事业产品（或提供服务）不以获取利润为目的，而是为了满足社会公众的需求，以公平获取为前提来实现对所有公众的服务。自然垄断性是指市政公用设施受资源、规模经济以及社会发展规划要求的制约，公用事业在建设和运营上不太可能形成充分的竞争，从而具有一定的垄断性。网络性是指某些市政公用设施（如道路、轨道交通、供水、排水、供热、燃气等）需要通过网络系统提供产品或服务，如缺少相关配套设施，这些独立工程就可能成为“晒太阳工程”，不能正常发挥功能和效益。政府主导性是指市政项目要由政府组织建设，要受城市发展规划和相关政策的制约，项目运营也要由政府授权并接受监督。由于公用事业所提供的产品或服务一般没有中间流通环节，公用事业价格只有单一的零售价格形式。从维护公众利益出发，政府对重要的公用事业产品或服务价格一般都要进行控制，实行政府定价或政府指导价的管理形式，政府在确定市政产品或服务价格时一般要考虑产品的生产成本、用户的支付能力以及供求关系等因素。因此，在市政项目社会评价中对项目范围和影响、利益相关者、公众参与、政府在项目中的地位和作用等的分析评价都需要结合市政行业的特征进行。

社会评价在我国尚处于起步阶段。目前国内开展社会评价的项目主要集中在有关国际组织援助的项目上，如水利、交通、供水和卫生、扶贫、教育项目等，这些项目大多数位于农村地区，项目所处的社会环境和条件、利益相关者、土地权属、征收补偿安置对象、补偿方式与方法等均与位于城市的建设项目有很大差异，因此，市政项目社会评价还需要结合城市的特征进行。

1.6 社会评价内容的选择

1. 不同项目的建设目标、任务、功能、效益等可能存在多方面的差异，项目涉及的各种社会因素、产生的社会影响和利益相关者对项目的反应和诉求也存在不同，因此，社会评价需要根据项目所在地区社会环境与人文条件、项目特点、影响差异等实际情况，确定评价范围（包括空间范围和时间范围），选择评价内容和评价重点。

2. 一般而言，社会评价主要应用在那些社会因素复杂、社会影响面广、影响持续时间较长、社会矛盾突出的项目上，如可能涉及较大规模农村集体土地征收和国有土地上房屋征收补偿安置的项目、可能涉及少数民族和宗教问题的项目、可能对城市环境和生态造成较大负面影响的项目、可能对公众社会福利产生较大影响的项目、有明确社会发展目标的项目等。因项目社会影响和社会因素存在多样性，社会评价也要有重点，有些项目需要分析评价所有与项目实施有关的社会因素，有些项目只需要集中在某些敏感的社会因素上。

1.7 社会评价的原则

1. 项目的顺利实施，需要得到公众的理解和支持，把人的因素放在首位，从项目发展与社会发展的相互关系中考察人的因素，坚持公众参与的原则，有利于满足公众需求，协调利益相关者之间的矛盾和利益关系，规避或减缓可能由项目引发的社会风险；有利于项目的科学决策和民主决策，对项目的成功和效果的持续发挥具有重要意义。

2. 实现公平和公正是构建社会主义和谐社会的重要目标，社会评价能够改善和促进社会各方的利益关系得到妥善协调，减少或化解社会矛盾，同时提升社会弱势群体的发展能力和机会，这些都是公平和公正得到实现的标志。为此，社会评价人员应当树立公平公正理念，以客观、公正、实事求是的态度从事社会评价工作，力求使评价工作能符合客观实际，不受来自任何方面的人为干扰。

3. 国家和地方相关法律法规是经济和社会发展的准则，各项社会政策是政府为实现其社会发展或社会规划目标而制定的指导有关社会活动的计划、原则、建议等，这些都是市政项目社会评价工作需要遵循的原则和标准。

4. 项目风险是指由于不确定性的存在导致项目实施后偏离项目预期目标的可能性。项目风险可以阻碍或破坏项目目标的实现，因此，社会评价应当重视对项目潜在社会风险的识别、估计和应对，尽可能规避或减缓社会风险，以保证项目顺利实施和效果的持续发挥，项目预期发展目标得以实现。

2 社会评价五个着眼点

2.1 “五个着眼点”指出看问题的视角

社会现实是复杂的，可以从不同角度进行观察。社会评价“五个着眼点（five entries）”是从五个方面入手，观察和分析与项目相关的各种社会因素，目的是帮助社会评价人员建立起一个分析工作框架。在实际社会评价工作中，根据一个特定项目的社会环境和背景，社会评价的范围有可能缩小或扩展，某些着眼点可能比其他着眼点更重要。

2.2 社会多样性和社会性别

2.2.1 这一着眼点用于揭示有组织的社会链，帮助评价人员了解社会多样性怎样影响发展效果。

通过对社会多样性和社会性别的分析，可以了解各类利益相关者的社会特征和社会角色，他们与项目相关社会事务的关系，从而识别出哪些社会群体能为项目准备和实施做出贡献，哪些群体会受到项目的影响，以及不同群体可能对项目产生的影响。并基于利益群体的性别、民族、文化等差异性对项目设计进行优化，建立可用于项目实施监测的指标。

从表1可以看出，对于不同人群可以从不同方面进行分类。有些分类是不可选择的，如年龄、性别等，但是其他分类是可以变化的。社会评价不仅要对与项目有关的人群进行分类，更重要的是分析不同类型的人群在项目中的地位、作用和差异，因为这些差异不仅使项目对他们有不同影响，他们同时也会对项目的发展目标产生影响。在对人群的分类中，应当特别关注弱势群体以及项目对他们的影响。社会分析有助于发现可能被相关机构忽视的社会群体，通过考察这些群体的应对策略，协助他们发现和加强风险应对机制的方法。

表1 人群多样性分类表

与生俱来的	混合的	后天可获取的
年龄 民族 性别	语言 本地与迁入人口 宗教 空间和地理位置 残疾	公民/移民 教育 意识形态 土地所有权与使用权 职业/生计 政党 城市/农村

2.2.2 社会多样性和社会性别分析识别了不同社会群体，分析了社会群体之间的关系，评估了对于发展机会的限制，定义了对于社会多样性敏感的指标，是一个完整的社会分析的一个重要步骤与基本内容。

2.3 制度、规则和行为

这一着眼点用于识别和理解相关组织、机构之间的关系和他们的行为。与项目有关的正式和非正式组织可能在社区中、公共部门或市场中存在，他们可以促进或破坏一个项目，也可以为社会发展搭桥或构造障碍。

对于组织和机构的分析可以使用几种工具：第一种工具是有关组织和机构流程图，流程图描述了组织中资金、决策和信息的路径；第二种工具是在发展过程中引入有关机构的计划，可以建立一个对应关系矩阵，表述机构与拟议项目的任务和工作阶段的关系，从中发现组织的薄弱环节并加以改善；第三种工具是列举出要使项目成功运行并实现项目目标机构所能满足的条件。

2.4 利益相关者

这一着眼点分析和揭示不同社会群体在项目中的利益以及对项目影响的性质和程度。

利益相关者是指受到项目影响或者对项目产生影响的个人、群体或机构，他们都在项目的成果中有利益，某些甚至利益攸关。他们还可以对项目施加某种程度的影响。利益相关者并不局限于那些受项目影响的人，也包括那些可能影响项目的人。在一个特定项目中，有主要的利益相关者（通常指项目的直接受益者或直接受损者）和对项目影响更大的利益相关者（在项目中拥有更高的权力、地位和资源的控制力），将利益相关者作为分析的着眼点就会找到有限的、重要的利益相关者，制定他们参与项目设计、实施和管理等的方案，以及在利益相关者之间建立合作计划。

利益相关者分析矩阵是利益相关者分析的有用工具，将不同的利益相关者按照他们与项目的相关性、特点和影响进行总结和比较，揭示主要利益相关者以及他们对项目的态度和影响力，提高那些愿意改变现状但又无影响力的群体的影响，为他们参与项目活动奠定基础。

表2　利益相关者分析矩阵（SAM）

利益相关者分类	有关的利益相关者	特征：社会地位、地点、规模、组织能力	利益：对现状的态度、对改变（现状）的态度	影响：H = 高、M = 中、L = 低
政府政策制定者				
实施机构人员				
受益人				
受项目负面影响的人				
有组织的利益群体（商会、工会等）				
社团（非政府组织，社区组织，宗教组织等）				
捐赠者				
其他外部/国际利益相关者				

2.5 公众参与

在进行社会分析时要注意，参与是有成本的。包括时间成本，交通和食宿成本，参与者参加活动所花费的精力，交易成本等。因此，公众参与并不总是“多多益善”。在制定参与计划时，要充分考虑到这一点，除非花费的时间和成本与参与者实际得到的与感觉到的效益相符合，否则利益相关者的参与就可能成为走过场，反而会对参与产生不利影响。

2.6 社会风险

社会评价中风险分析非常重要，项目单位应当与主要利益相关者通过各种方式进行协商。如果协商对风险的可能性和严重性达成广泛共识，则应该重新考虑项目的设计、时机和结构。

2.6.1 社会风险分类

项目的社会风险可以被分为五类：脆弱性风险、国家风险、政治经济风险、制度风险、外部风险。

脆弱性风险是指受影响的群体，特别是贫困人口等弱势群体对风险或外界冲击的敏感度。通常，可以把脆弱性分解为三个部分：风险（如征收补偿安置矛盾与冲突、社会或宗教冲突、民族矛盾等）、应对风险的方法、由于风险带来的福利损失。可以看出，脆弱性是由风险（不确定事件）引发的，脆弱的程度取决于风险的特性以及贫困人口等弱势群体应对风险的能力。脆弱性与时间范围有关，时间和时机在确定脆弱性时是很重要的因素。在通常情况下，贫困和接近贫困的人可能是脆弱的，因为面对风险时他们获取资源的途径以及应对风险的能力有限。

国家风险是指政治不稳定，民族或宗教关系紧张，暴力冲突和社会军事化等造成国家不稳定的风险，这种风险通常超越项目经理可以控制的范围，但在项目评估阶段必须予以考虑。

政治经济风险是指那些可能作为项目的间接结果影响项目的预期受益者的风险。如掌权和控制资源的利益集团对项目目标的改变，或项目利益被少数人占有等。

制度风险包括不适当的制度安排、管理不善、机构和组织的复杂性和能力不足、行动低效等。

外部风险是指可能影响社会发展成果的地区冲突或宏观经济发生变化。将国有企业私有化或向廉价进口商品开放市场的投资政策是两个具有不可预见社会后果的外部冲击例子。例如，发展中国家开放纺织品市场而工业化国家实施贸易保护，可以迅速并完全断送发展中国家繁荣的纺织工业。

2.6.2 综合风险等级分类矩阵

在进行风险分析时，可以使用综合风险等级分类表分析风险发生的概率和重要性。

根据风险因素发生的可能性及其造成损失的程度，建立风险等级的矩阵，将风险发生的可能性与影响程度综合起来，以风险应对的方式来表示风险的综合等级。所示风险等级亦可采用数学推导和专家判断相结合确定。

表 3　综合风险等级分类表

<table>
<tr><td colspan="2" rowspan="2">综合风险等级</td><td colspan="4">风险影响的程度</td></tr>
<tr><td>严重</td><td>较大</td><td>适度</td><td>低</td></tr>
<tr><td rowspan="4">风险的
可能性</td><td>高</td><td>K</td><td>M</td><td>R</td><td>R</td></tr>
<tr><td>较高</td><td>M</td><td>M</td><td>R</td><td>R</td></tr>
<tr><td>适度</td><td>T</td><td>T</td><td>R</td><td>I</td></tr>
<tr><td>低</td><td>T</td><td>T</td><td>R</td><td>I</td></tr>
</table>

综合风险等级分为 K、M、T、R、I 五个等级：

K（Kill）表示项目风险很强，出现这类风险就要放弃项目；

M（Modify plan）表示项目风险强，需要修正方案，通过改变设计或采取补救措施；

T（Trigger）表示风险较强，应设定某些指标的临界值，指标一旦达到临界值，就要变更设计或对负面影响采取补救措施；

R（Review and reconsider）表示风险适度（较小），适当采取措施后不影响项目；

I（Ignore）表示风险弱，可忽略。

落在表 3 左上角的风险会产生严重后果；落在表 3 左下角的风险，发生的可能性相对低，必须注意临界指标的变化，提前防范与管理；落在表 3 右上角的风险影响虽然相对适度，但是发生的可能性相对高，也会对项目产生影响，应注意防范；落在表 3 右下角的风险，损失不大，发生的概率小，可以忽略不计。

社会评价中风险分析非常重要，应当与主要利益相关者通过各种方式进行协商。如果协商对产生风险的可能性和严重性达成广泛共识，那么就应该重新考虑项目的设计、时机和结构。

3 社会分析

3.1 “社会评价”、“社会分析”和“社会影响分析”的含义

本导则涉及“社会评价”、“社会分析”、“社会影响分析”三个术语，为便于理解和区分，给出以下定义：

社会评价（social assessment）

对建设项目中的社会因素、社会事项及其产生的影响进行评价的一种方法。通过系统地调查、收集与项目相关的社会资料和数据，识别项目实施过程中的各种社会因素、利益相关者和可能出现的各种社会事项，分析项目可能产生的社会影响、社会问题和社会风险，提出尽可能减少或避免项目负面社会影响和扩大正面社会效果的措施和具体方案，编制社会管理计划，以帮助分析项目对社会发展目标的贡献，优化制度安排，并在项目实施过程中通过监测和评估项目社会效果的实现程度，保证项目的顺利实施并使项目效果持续发挥。

社会分析（social analysis）

根据实际观察与经验分析，对人类在社会生活中的习惯性行为进行的研究。应用于建设项目中时，社会分析是应用利益相关者分析、逻辑框架分析、参与式分析等方法，从社会发展的角度，研究项目的目标及影响，通过人口因素、社会经济因素、社会组织、社会政治背景和利益相关者需求的系统性调查分析，说明社会差异，评估社会影响和风险，消除或缓解不利社会影响，提高机构和个人能力建设。社会分析是社会评价的重要组成部分。

社会影响分析（social impact analysis）

社会影响分析用于预测和检查由建设项目所引起的或将会引起的社会变动及影响。

社会评价、社会分析、社会影响分析三者之间的关系：

社会评价是项目评价的有机组成部分，与技术评价、财务评价、经济评价、环境评价等共同构成项目评价体系。社会评价的目的是确保对建设项目给予足够的社会方面（各种社会因素）的考虑。社会评价依靠社会分析去了解项目带来的社会影响、对不同利益相关者的影响，以及可能导致的社会风险。社会影响分析是社会分析的一个方面，主要关注项目对经济层面、社会层面，以及特殊影响群体引起的社会变动及其影响。

3.1.2 经济层面的社会影响分析

经济层面的社会影响分析主要分析预测项目在收入及其分配、支出及其支付意愿、就业、消费、服务替代效应等经济方面可能产生的正面影响和负面影响，包括对于不同利益群体特别是弱势群体的影响。针对居民的经济影响分析通常需要进行社会经济调查，抽取一定数量的不同利益相关者的样本户，就项目的技术经济方案、社会经济政策进行调查研究，分析产生的影响。

3.1.3 社会层面的社会影响分析

社会层面的社会影响分析重点关注项目对于文化、教育、卫生等社会环境与条件以及文化遗产、宗教设施、城市风貌（如街区、建筑，风景区、园林）等方面的影响分析。

3.1.4　社会分析重点关注的人群

贫困人口、女性、少数民族和非自愿移民是市政项目中需要重点关注的社会事项。贫困户、女性特别是女户主家庭、少数民族人群和受征收土地和房屋影响的人群既可能通过项目获得发展的机会，也可能受到项目的负面影响。通常需要在项目周期的不同阶段，通过利益相关者的识别、社会经济调查及分析，识别项目对于特殊群体的影响，并为后续的社会风险分析、社会管理（行动）计划准备和社会监测提供相关依据和信息。

1. 贫困人口

收入贫困和人类贫困是贫困的基本分类（人类贫困是泛指人的多种贫困，包括文化、教育、知识、技能等）。贫困人口也可以分为绝对贫困人口、相对贫困人口和临界贫困人口。贫困人口根据地域也可划分为城市贫困人口和农村贫困人口。

导致贫困的因素及其特征可以总结为以下几点：环境脆弱性；缺少物质财富；缺少获得基本经济和社会服务的途径；缺乏能力并与社会隔绝；易受自然、经济和社会风险的冲击。

受到市政项目不利影响的贫困群体一般有三类：第一类是居住在城市、由民政部门认定的贫困人口，包括下岗职工、离岗人员、低保人员、失业人员、孤寡病残人员和其他人员；第二类是城市近郊农村失地的农村人口，包括原有的农村贫困人口和由于失地导致贫困的农村人口；第三类是最容易受到忽视的无本地户籍的城市人口，包括居住在城市（特别是“城中村”和城市近郊，多数靠租赁房屋居住）的外来务工人员及其家属等。

项目周期不同阶段贫困分析关注的内容有所不同：在项目前期阶段，需要初步了解项目对弱势群体会产生哪些积极作用和负面影响；在项目准备阶段，需要针对重点关注目标人群以及项目方案设计等问题，具体包括贫困人口可能面临的风险、项目实施方案中的针对重点关注目标人群机制的建立；在实施阶段，需要重点关注贫困影响的监测与评价。

项目周期中贫困分析的重点在前期阶段和准备阶段。以下的问题清单可以帮助社会评价人员进行贫困分析：

（1）项目前期阶段需要重点关注的问题：

1）哪些人是项目范围内的贫困人口（包括失地农民中的贫困家庭、纳入城市低保范围的贫困家庭、女性为户主的家庭、零就业家庭、空巢老年人家庭、残疾人家庭，以及其他有特殊困难的家庭等）；

2）贫困家庭的人口构成及贫困原因；

3）贫困家庭的主要收入来源及支出构成；

4）贫困家庭现有住房状况和产权；

5）贫困失地家庭的土地及主要产出；

6）社区现有公共服务设施及贫困群体利用公共设施情况；

7）贫困家庭得到的就业培训情况；

8）贫困家庭享受的社会保障情况；

9）原有社区组织结构以及在为贫困群体提供帮助方面的作用；

10）贫困群体通过什么渠道反映和表达他们的诉求；

11）土地和房屋征收及重新安置对他们的影响是什么，包括就业机会、住房、生活成本、利用社会服务设施如社区卫生院、交通、教育等，有哪些社会风险；

12）会不会因为项目影响产生新的贫困；

13）拟建项目能为贫困群体提供什么样的新的发展机会；

14）拟建项目中是否考虑了对贫困群体的风险预防措施。

（2）项目准备阶段需要重点关注的问题：

1）在征收补偿方案中是否考虑了贫困群体的就业、（生产）生活的便利程度；

2）项目提出的重新安置计划如何考虑增加贫困群体的就业机会；

3）项目是否考虑了向贫困群体提供就业技能培训；

4）项目有无配套的安置房、廉租房或经济适用房规划以解决贫困家庭的住房困难；

5）房屋征收补偿费是否能满足贫困家庭的购房需要；

6）项目如何考虑改善贫困家庭获得社会服务的问题，贫困家庭是否有能力支付新增加的社会服务费用，有无相应的补偿措施；

7）是否有相应的渠道和机制保证贫困群体获得足够的信息参与决策；

8）是否建立了与不同人群就项目征收补偿安置方案沟通的渠道和机制；

9）是否建立了投诉机制，保证贫困群体能平等地表达自己的意见，反映他们的问题和想法，如对征收补偿安置方式的意见、公共服务设施建设和价格制定的意见；

10）有关部门（人力资源和社会保障、民政、街道办事处、居委会等）是否有专人负责与贫困群体进行沟通、对话和协商；

11）如何确保贫困群体的意见和建议在项目设计中得到反映和考虑。

2. 社会性别

社会性别问题也是社会评价中不可回避的重要问题。由于男性和女性的社会角色不同，项目对他们产生的影响也不尽相同，同时男性和女性对项目的需求也有所不同。让女性参与项目讨论，倾听男性和女性两方面的声音，有利于提高项目投资的社会效果。除了关注女性之外，社会评价也应当关注“女户主”家庭的特殊需要，以减少这类家庭面临的特殊社会风险。

在市政项目各个阶段的社会评价中一般都要求进行社会性别分析。项目周期不同阶段社会性别分析关注的内容有所区别：在项目前期阶段，主要是识别各利益群体的社会性别需求、确定社会性别目标，并纳入项目目标体系；在项目准备阶段，主要是确定参与式战略，考虑实际的和战略性的社会性别目标；设计分性别的数据收集方案并将其纳入基线调查范围；进行参与式社会性别分析；优化项目设计方案，进行社会性别规划；在项目实施阶段，主要是选择性别敏感监测指标，确立监测与评价体系；收集和更新基础数据，评价与社会性别有关的项目影响；修正项目实施方案，纠正可能出现的偏差。

一般社会评价中关注社会性别的共性问题可以从以下几个方面考虑：

（1）项目将对男性和女性产生什么样的不同影响，对男性和女性的正面影响和负面影响分别是什么；

（2）男性和女性对项目的需求有什么不同；

（3）项目方案设计是否考虑了不同性别的需求；

（4）征收补偿安置对女性的风险是什么；

（5）社会公共服务设施是否可以满足女性的特殊需求；

（6）项目方案设计中是否考虑了女性就业和利用资源方面的问题；

（7）是否有保障女性获得信息、参与征收补偿安置决策的机制；

（8）评价相关机构从事社会性别研究和解决相关问题的能力；

（9）项目方案设计中是否有对性别敏感的监测指标，以反映不同性别群体的受益和权益保障程度。

3. 少数民族

少数民族的特征和文化总是同他们生活的土地和他们赖以生存的自然环境与资源有着不可分割的联系。这些特殊的环境与资源将少数民族置于建设项目带来的各种不同类型的风险和不同程度的影响之下，如丧失民族特征、民族文化和传统生计等。作为与社会主流群体存在明显特征差异的社会群体，少数民族经常属于当地人口中最边缘化和最脆弱的群体。项目所在地如果为少数民族地区，社会评价必须特别考虑少数民族的特点，尤其是民族文化的特点。在设计和实施项目时必须考虑两个方面因素：一是少数民族能得到具有文化兼容性的社会和经济利益；二是少数民族在发展进程中不遭受负面影响，同时该发展进程应当促进对少数民族的尊严、权利和文化独特性的尊重。

在少数民族地区开展社会评价需要注意以下问题：

（1）要充分尊重当地群众和风俗习惯；

（2）要运用人类学的整体观去分析与项目相关的需要评价的内容，而不能孤立地就事论事；

（3）要采取主位与客位的视角去分析问题；

（4）要灵活掌握参与观察、现场调查和社会调查、参与式评估等方法。

少数民族人群是通过反映他们的社会和文化独特性的标准而确定的，社会评价应当尽早进行信息筛查工作以确定项目区是否存在少数民族。在初步筛选阶段，初查工作包括现场访问、与可能受影响的少数民族进行初步协商、通过间接方法获取数据资源等方式，判断项目是否对少数民族有潜在的不利影响。如果初步社会筛选确定项目区域内不存在有显著特征的少数民族，或者虽然有，但其受项目影响的程度可能很低，就没有必要开展进一步的少数民族社会评价工作。

社会评价中对少数民族的识别可以采用以下方法：

（1）考察历史；

（2）收集民族相关信息；

（3）信息内容应具有针对性；

（4）界定工程或项目的影响范围。

识别项目所在地区的少数民族是否具有潜在的脆弱性，可以通过以下五个特征进行认定：

（1）对于传统的社会、文化或经济组织机构和制度的依赖程度；

（2）对于维持生存水平的生产活动的依赖程度；

（3）自我认定（或被他人认定）为有显著特征的民族或文化群体；

（4）特殊语言的使用；

（5）与祖先的领地或传统的居住地保持着密切的联系。

项目周期不同阶段对少数民族问题的关注要点：

（1）项目前期阶段的社会评价，需要进行社会影响因素筛选分析，分析少数民族文化等基本资料，确认是否受到项目有利影响或不利影响。若有不利影响，则应及时对项目进行调整和设计。

（2）项目准备阶段需要关注少数民族语言问题以及调查样本的选取问题。

（3）在项目的实施阶段与运营阶段应当就项目对少数民族积极的或消极的影响问题给予关注。

4. 非自愿移民

对于涉及非自愿移民的项目而言，非自愿移民是受项目影响的重要群体，是社会评价关注的重点。非自愿移民在无项目之前，也有可能成为发展的主流，而未被归入贫困人群或弱势群体。但当他们成为非自愿移民之后，有可能因丧失生产资料（土地资源、经营性房屋等）或生活场所（房屋、社区等），使其劳动、生产、管理技能贬值或失效，同时打破了他们对熟悉环境的依赖，他们的社会关系网络也会受到影响，对新安置地生产和生活方式不适应，无法融入当地社会，生存成本增加。一旦采取的补偿和恢复措施出现偏差，他们就有可能成为新的贫困人群或弱势群体，社会评价中应当予以重点关注。

3.2 利益相关者分析

目前，利益相关者分析已经成为投资领域常用的分析工具。利益相关者分析是项目评价中贯彻科学发展观，构建和谐社会的重要手段。

利益相关者是指与项目有直接或间接利害关系，并对项目成功与否有直接或间接影响的相关人群和组织机构，一般包括项目的受益者、受损者以及受影响者、为项目提供资金的机构、有关的项目执行机构（包括计划、设计、咨询、管理机构等）等。识别所有潜在的利益相关者是开始利益相关者分析的第一步。市政行业包括多个专业，项目类型较多，项目主要利益相关者依项目类型不同可能有所差异。

在利益相关者分析中，需要分析项目对当地不同利益群体的影响，分析预测项目的建设和运营过程中将使哪些人受益，哪些人受损，以及对受损群体的补偿措施和途径；分析项目对所在地区弱势群体利益的影响，分析预测项目的建设和运营对当地贫困人口、妇女、儿童、残疾人等利益的正面影响和负面影响。要特别关注项目可能引起的土地和房屋征收以及非自愿移民的补偿安置问题。

在参阅项目相关文献资料、访谈有关人员的基础上，分析各利益相关者与项目的利害关系（直接和间接受益、直接和间接受损、直接和间接受影响）、在项目中所扮演的角色、对项目建设的态度以及对项目建设成败的影响程度，从而判断项目的主要利益相关者与次要利益相关者，分析各主要利益相关者的需求、权利与地位、项目对利益相关者的影响和利益相关者对项目的影响，并根据不同的利益相关者分类制定利益相关者参与方案。

3.3 社会相互适应性分析

项目与所在地相互适应性分析旨在分析预测项目所在地的社会环境、人文条件等能否接纳、支持项目的存在与发展，以及当地政府、社会公众支持项目存在与发展的程度，考察项目与当地社会的相互适应关系。

3.4 社会风险分析

项目社会风险分析主要是分析项目周期各个阶段项目所面临的各种社会风险，有些社会风险是外部的，不可控的，如国家风险、政治经济风险等；有些风险是由项目本身引起的，如土地、房屋征收问题与非自愿移民问题等，对各种风险因素需要尽早识别出来。

在对项目可能产生的负面社会影响进行深入调查研究的基础上，应当分析这些负面影响可能产生的社会风险、可能出现该风险的社会环境和条件、可能的解决措施与方案，然后针对每一项潜在的社会风险提出相应的应对措施，并就实施措施的可行性与政府相关部门或机构、实施机构、群众组织、项目所在社区及居民等利益相关者进行充分沟通和协商。

征收补偿安置活动是市政项目建设中最容易产生不利社会影响甚至诱发社会风险的主要社会因素之一，通常导致社会矛盾、社会冲突等风险事件的因素还包括补偿标准、安置政策、安置方式及其实施等。

市政项目如涉及自然遗产、历史文化遗产、自然保护区、少数民族聚居区，土地和房屋征收涉及寺庙、教堂等宗教设施及少数民族墓地等区域，往往社会影响大且复杂，容易诱发比较大的社会风险，需要进行详细的社会调查研究、分析和协商。在可能的情况下，应当尽可能减少相关影响。在社会评价过程中，通常需要向文物、民族、宗教事务管理部门及相关人士进行调查研究，听取他们的意见和建议。

4　市政项目中政府公共职能评价

4.1　政府公共职能的双重性特点

在我国社会主义市场经济体制下，政府在经济和社会发展过程中具有明显的双重地位和作用，是一个特殊的主体。在市政项目建设中，政府不仅要代表全社会履行公共管理职能，制定并实施相关的规划、管理制度、方法和政策，协调、调节和保护公共利益，同时也要作为公共投资者，通过项目建设为社会公众提供公共产品和服务。因此，在市政项目社会评价中，需要充分考虑政府作为公共管理和公共投资者的双重地位和作用。在评价过程中，对政府双重地位和作用的评价可以通过具体分析各相关行政管理部门的职能和作用来实现。

4.2　政府公共管理职能的评价

对政府公共管理职能进行评价的基本出发点是在项目过程中充分考虑政府行政管理公共职能对项目产生的作用。政府公共管理职能对项目的作用，主要体现在政府依法行政过程中对项目形成的管理、约束、控制等方面。评价过程中，应当注意政府作为公共管理者，通过制定和实施城市发展规划、相关政策、管理措施等对项目产生的影响。任何一个项目都是在一定的社会环境中、在一定的社会条件下、在一定的公共范围内、在一定的公共规则框架内进行的，遵守公共规则是项目建设得以进行的前提条件，而政府作为全社会的代表，制定公共规则并监督执行是其基本职能，对项目的影响由此产生。

4.2.1　城市发展规划和相关政策对项目的作用和影响的合理性评价

按照现行管理制度规定，城市发展规划以及相关政策对市政项目具有强制性的约束和影响，市政项目应当在城市发展规划范围内进行建设，项目的建设必须首先满足规划以及相关政策的要求。因此，在市政项目社会评价中，必须考虑规划对项目实现其社会目标的影响，评价城市发展规划（包括各类专项规划和详细规划）以及相关政策对项目实现其社会目标的作用。评价的重点包括两个方面：一是城市发展规划以及相关政策对项目的约束和指导作用有多大；二是项目满足规划以及相关政策要求的水平如何，核心是评价项目预期的社会发展目标是否有助于、有利于实现城市发展规划以及相关政策的社会发展要求和相关目标。

4.2.2　政府管理、协调和解决社会矛盾及问题的能力与机制的有效性评价

在复杂的社会环境和条件下，项目建设不可避免地会遇到诸多的社会矛盾和问题，矛盾和问题的存在，会对项目建设形成很大的负面影响，影响到项目的顺利实施。在项目与社会公众之间产生矛盾和问题时，政府应当站在客观、公正的立场上，从维护公共利益和社会稳定、保证项目与社会公众各自的合法权益的需要出发，管理、协调和解决社会矛盾和问题。在项目建设过程中，政府在此方面的能力和机制的有效性是一个关键性问题。

4.2.3　政府调节和分配与项目相关社会利益的公平性评价

任何一个项目的建设与实施，均会对不同的利益群体产生影响，不同的群体因在项目过程中所处的位置不同，可能受损也可能受益，当受损一方得不到合理补偿时，或者利益分配不合理时，社会矛盾和问题就有可能出现。因此，公平的利益分配是保证项目顺利实

施、受影响群体利益不受侵害的基本前提之一。而在项目与受影响群体之间、不同利益群体之间出现利益失衡时，仅靠当事各方自行协调、协商解决矛盾冲突有时并不能保证公平，而需要政府作为中立的协调方，以社会公众利益代言人的身份出面，利用法律和政策的手段，通过相关制度和机制的运作来调节和分配相关社会利益，以实现相关社会利益的公平分配。只有这样，才能保证利益分配的公平性。

4.2.4 政府提供与项目相关的配套公共产品和服务的能力评价

任何一个项目都是在一定的社会经济条件下进行建设，项目功能和效益的发挥，需要相应的外部、公共配套条件。在现行体制下，政府是公共产品和服务的提供者，其提供公共产品和服务能力的水平，决定了项目建设所需的外部配套条件能否得到满足。如在规划中，是否安排了足够的、与经济社会发展水平相适应的公共产品和服务；公共产品和服务项目的布局是否合理，是否满足公众的合理要求并且覆盖全部人口；公共产品和服务的价格是否与受益人口收入水平相适应，各利益群体公平享有相关利益的权利是否得到保障等。因此，在进行市政项目社会评价时，不仅要考虑到公共配套条件对项目的影响，还要考虑到公共配套条件对受影响群体的影响。

4.3 政府公共投资者地位和作用的评价

对政府公共投资者的地位和作用的评价，要把握几个关键：一是政府作为公共投资者进行项目建设时，是参与经济建设和社会发展的一个经济主体；二是政府作为公共投资者，其投资的目的是为社会公众提供公共产品和服务，社会性、公益性、普惠公众是其基本的原则；三是在政府投资项目建设过程中，政府拥有的行政权力是一柄双刃剑，具体操作者可能合法使用造福于社会，也可能滥用而危害社会。因此，在对政府公共投资者地位和作用的分析与评价过程中，需要注意政府投资行为的合理性、对公众利益的保护、相关政府部门或机构的行为、政府部门或机构对行政权力的合法利用等诸多方面问题。

5 社会管理计划与实施监测评估

5.1 社会管理计划

社会管理计划是指在社会分析的基础上，结合所研究项目的社会环境与条件，系统地、有针对性地提出项目的利益加强措施与负面影响减缓措施，并制定利益相关者参与计划。它是对项目实施阶段的社会行动、措施及其保障条件的全面计划，是社会评价的重要结果。

编制切实可行的社会管理计划，通过其实施，减少或缓解项目的不利社会影响，扩大社会效益，是社会评价的重要工作。在社会管理计划中，对于项目的正面影响，可以采取积极鼓励、强化的具体措施予以激活，尽可能地扩大和保持其可持续性。对于项目的负面影响，应当尽可能地通过工程方案的优化设计予以减少，然后从政策、制度、机制、机构、资金、程序、人员、技术措施等方面进行妥善安排，以减少或缓解负面影响，控制其可能引发的社会风险。

利益相关者的参与、相关组织机构的配置和功能、信息沟通和反馈机制的建立和运行（信息流）等方面对项目的可持续发展起着关键性作用。在项目前期、准备、实施和运营阶段，参与式方法的应用将能极大地优化项目，降低社会风险。信息公开、沟通、申诉和反馈渠道能切实维护受项目不利影响者的合法权益，及时披露项目的信息和收集项目受影响者的信息，促进政府、项目单位、实施机构与项目受影响者之间的信息交流，有利于扩大市政项目的正面影响，减轻负面影响。

5.2 社会管理计划的实施

为了保证项目达到预期的社会、经济发展目标，需要在项目实施过程中认真执行社会管理计划。由于项目实施阶段的项目范围、工程方案、内部与外部条件等均可能发生变化，因此，在项目实施过程中可对原来计划中的相关措施等进行必要的调整。

5.3 社会管理计划实施的监测评估

为了衡量项目的实施成功与否，需要充分、及时地获得有关社会管理计划的实施信息，这就要求在实施阶段做好社会监测与评估工作，主要内容包括：

1. 制定公开的可核查的监测与评估程序。
2. 选择并确定监测与评估指标，以衡量项目实际产生的社会影响。
3. 评估项目满足目标群体需求的程度。
4. 确保在各类负面影响减缓方案中建立监测与评估程序。
5. 及时提出消除项目社会目标实现障碍的调整方案等。

6 征收补偿方案及实施

6.1 征收补偿方案应依法编制

当项目涉及农村集体土地征收、城市居民房屋征收、商业店铺征收、企事业单位征收等时，应当按照《中华人民共和国土地管理法》、《中华人民共和国房地产管理法》、《国有土地上房屋征收与补偿条例》和国土资源部《关于进一步做好征地管理工作的通知》要求，编制征收补偿方案，并履行审查和批准手续。

6.2 征收补偿安置的基本原则

建设项目应当尽可能地通过地址选择、方案优化等措施，避免或减少对农村集体土地的征收和国有土地上房屋征收。征收补偿安置的基本目标应当按照《中华人民共和国土地管理法》、《国有土地上房屋征收与补偿条例》等相关法律法规和政策的要求，恢复和改善受征收影响人群的生计、收入和居住条件与水平。

6.3 征收补偿方案

征收补偿方案是项目实施阶段进行征收补偿安置的蓝图，应当覆盖项目建设用地及影响范围内各类农村集体土地征收、国有土地使用权收回、临时占地产生的活动所导致的社会与经济影响。在项目前期阶段，需要界定项目的用地范围，并进行非自愿移民的社会经济调查，调查清楚详细的土地、房屋、人口、地上附着物以及非自愿移民的社会经济状况并分析其影响；在项目准备阶段，需要编制征收补偿方案，根据国家和地方政策法规制定项目的征收补偿安置政策及标准，选择合适的征收补偿安置地点，拟定并提出生产、生活安置的具体措施和方案，编制项目征收补偿安置的资金预算、进度计划，提出项目征收补偿安置的组织机构安排、监测评估计划等。

6.4 征收补偿安置实施

市政项目涉及利用不同所有权属的土地，以及在不同权属性质的土地上进行房屋和地面附着物的征收，所适用的法律、行政法规、政策和技术标准不同，所采用的实施程序也不同。需要在实施阶段予以关注。

6.5 征收补偿安置实施的监测评估

在项目实施阶段，项目单位应当在征收补偿安置实施系统建立自上而下的内部监测评估体系，根据审定的征收补偿方案，进行内部监测和评估，监测项目征收补偿安置方案的实施进度、质量、资金等进展，及时总结经验和发现存在的问题，调整实施方案。同时，项目单位还需要根据有关方面的要求（如当地政府、相关国际组织等），聘请外部监测机构，进行征收补偿安置实施的进度、质量、资金、机构运行、生产生活水平恢复等方面的外部监测评估，提出建议，为项目单位、实施机构和地方政府提供实施管理的决策支持。

7 不同层次、阶段的社会评价

7.1 不同层次的社会评价

本导则所称“城市发展规划”是一个综合性的概念，也是一个应用广泛的称谓，不仅有城乡规划法中规定的城市建设和城市空间管理的规划，还有城市经济和社会发展规划、土地利用总体规划、环境保护规划、行业发展规划等一系列内容。本章主要阐述社会评价应当从规划（宏观）与项目（微观）不同层次的角度看待项目，因此，在导则中对规划这一概念的使用是指广义的，而不是固定在某一个具体的规划种类上。

我国现行体制和政策规定，城市总体规划、经济和社会发展规划、区域发展规划等不同层次的规划对项目有直接指导和约束作用，符合相关规划要求是项目得以确立、实施和生存的必要条件。作为实现规划发展目标的重要手段和途径，项目目标必须有助于规划目标的实现。基于规划与项目之间的指导与被指导关系，项目社会评价应当分析和评价规划对项目的指导和约束作用，以及项目对实现规划目标的影响和贡献。

鉴于市政项目与城市发展规划高度相关，其社会评价要求从规划和项目两个层次进行。从规划层次进行社会评价，是从城市发展规划的高度看待项目，从规划对项目的约束和指导角度看待项目，而不是对城市发展规划本身进行评价，评价的着眼点是放在项目上。

7.2 不同阶段的社会评价

市政项目社会评价要求对项目的全过程进行社会评价。在项目前期、项目准备、项目实施和项目运营四个阶段，项目产生的社会影响、外部的社会环境和条件、面临的社会风险等均有较大差异，社会评价的内容和重点也不相同。从项目周期或项目全过程分析的角度出发，对项目的每一个阶段进行社会评价，可以全面地对项目全过程产生的社会影响、项目面临的社会风险、项目与当地社会的相互适应性等主要内容进行完整的因果关系和逻辑关系分析，从而全面把握社会影响、社会风险、相互适应性等方面的来龙去脉、动态变化和前因后果，并在此基础上提出有针对性的对策建议。

进行不同阶段的社会评价时，应当注意前后两个阶段评价内容、重点随项目实际情况发生改变而出现的变化，上一个阶段的社会评价结论是下一个阶段社会评价的基础，上一个阶段的预测分析对应下一个阶段的实际状况，两个相邻的项目周期阶段存在严密的逻辑关系和因果关系。

运营阶段的社会评价，是对项目实施的社会效果和影响的总结性评价，是构成项目后评价的重要组成部分，评价的结果可供后续类似项目决策时参考。

8 社会评价采用的方法

8.1 社会调查方法

社会调查是进行社会评价工作的重要环节，没有对项目的实际调查，就无法得出准确的社会评价结论。间接调查方法与直接调查方法形式上的最大区别，在于间接调查方法并不与调查对象进行面对面的交流，而直接调查方法则需要与调查对象面对面进行。

进行社会调查时，调查者与被调查者之间是平等互助的关系，调查者通过调查活动获得相关的信息对项目进行分析与评价，被调查者通过调查活动反映自身的意见和看法并表达在项目过程中的利益诉求。不同的社会调查方法有不同的特点，发挥不同的作用，通常需要综合使用。

8.2 定性分析与定量分析方法

定性分析与定量分析方法，是社会评价工作中使用的两种基本方法。定性分析方法强调的是对事物发展变化过程的描述、分析和预测，重点关注事物发展变化的因果关系和逻辑关系。定量分析是采用具有统一量纲的量化指标来衡量事物发展变化的前后水平，强调的是数量的变化。在社会评价中评价人员通常面对大量不能精确量化计算的因素，如理念、意识、心理等，只能采用定性分析的方法。而定量的指标，往往不能准确描述事物变化过程中内在因素发生的细致变化，单纯依靠定量分析方法并不能完成社会评价。因此，定性分析和定量分析方法通常相辅相成、共同使用。

8.3 对比分析方法

对比分析方法是项目评价的基本方法之一，在社会评价中广泛应用。在项目全过程分析中，不同阶段的前后对比分析是对项目全过程进行全面系统分析以了解项目发展变化前后因果关系和逻辑关系的重要手段。在对项目整体产生的影响进行分析时，项目实施前后的状况对比，是对项目进行全面分析的手段。有无对比方法强调的是项目实际形成的影响和效益。在进行有无对比分析时，需要剔除非项目因素带来的后果，以真实反映项目产生的影响和效益。实际评价中，一般是选择一个与项目影响区域具有较高相似度的同等区域作为参照，通过项目影响区域与参照区域的对比分析来判断项目的真实影响和效益。

8.4 逻辑框架分析方法

逻辑框架分析方法是项目分析中极其重要的分析方法，是社会评价中对项目进行全过程和全方位分析的重要工具。借助逻辑框架图中关于项目不同层次、不同阶段的描述和分析，社会评价人员可以判断项目全过程中各种因果关系和逻辑关系，并进一步判断项目面临的社会风险。

作为重要的分析工具，逻辑框架分析方法的应用贯穿于项目周期的每一个阶段，在项目前期，通过逻辑框架的编制，可以分析预测项目建设需要的投入、预期的产出、可能实现的目的和最终的目标、项目实施所需的外部条件等。在项目后续阶段，逻辑框架图反映出项目已经实现的投入、产出、目的和目标，并对下一阶段进行预测。当项目全部完成后，逻辑框架图可以完整反映项目的实际状况。

在逻辑框架图中，重要外部条件是项目实现每一个阶段的必要条件，如果外部条件不能实现或者满足，则项目将面临风险。在社会评价中，外部条件除了物质性的条件外，受影响利益群体对项目的看法、反应、要求等构成了项目能否顺利实施、能否降低社会风险、能否与当地社会相适应的必要条件，是分析评价的重点。

8.5 利益相关者分析方法

利益相关者分析的对象是受项目影响的不同利益群体。在项目过程中，任何一个受项目影响的群体，都会因其与项目的关系而对项目产生不同的反应，如受益者通常支持项目，受损者通常反对项目。项目与不同利益群体之间的影响与被影响关系，往往是导致社会风险的根本原因，二者之间存在清晰的因果关系和逻辑关系。利益相关者分析方法通过对不同利益群体的识别、对不同利益群体与项目关系的分析，来判断不同利益群体对项目的态度和要求，并进一步分析项目产生的社会影响最终带来什么样的后果，可能产生什么样的社会风险。

利益相关者分析过程中，需要特别注意的是不同的利益群体在项目过程中所拥有的地位、权力和影响力。通常情况下，受项目负面影响最大的利益群体往往处于社会底层，缺乏权力和影响力。此外，社会弱势群体（或脆弱群体）是社会评价需要重点关注的群体。

8.6 参与式方法

参与式方法是社会评价中吸收受影响群体参与项目活动、项目单位与其他利益群体共同评价、建设项目的一种方法。参与式方法的应用价值在于通过不同方式的参与，受影响利益群体有机会切身感受项目产生的影响和效益，了解自身在项目过程中可能受到的影响，并在此基础上提出对项目的意见和自身的利益诉求，以保障自身的权益。对项目单位而言，通过参与式方法的应用，可以了解到受影响利益群体的真实要求，并在此基础上对项目方案进行优化完善，以适应受影响利益群体的真实要求，从而减少矛盾与冲突、降低风险。通过参与式方法的应用，可以在项目单位与受影响利益群体之间建立通畅的交流渠道，通过相互沟通实现相互理解，进而化解矛盾和风险。

9 社会评价的实施

9.1 社会评价的实施主体

目前国内的社会评价工作主要是在由国家投资的项目，或者是由国际组织或外商投资的项目中开展。社会评价人员一般要作为项目准备工作小组、管理小组或者后评价小组的成员参与各个阶段的社会评价工作。

具备工程咨询资质的机构与人员应当在系统地接受社会评价相关知识培训后开展社会评价工作。

9.2 社会评价工作的程序

在项目周期的各个阶段，社会评价工作一般都要经过上述程序。鉴于我国目前的社会评价工作仍处于起步阶段，可以先把社会评价工作的重点放在前期工作中，并有选择地在部分项目后评价中开展社会评价。在项目实施中，必要时可就重点问题开展社会评价。

10　市政项目社会评价要点

10.1　市政项目社会评价内容和范围

1. 市政项目能正常发挥功能和效益，需要有相应的配套条件和外部环境。在复杂的城市社会环境和条件下进行的市政项目建设，所面临的外部配套条件和环境通常包括两个方面：一是与项目直接相关的配套条件和环境（如配套管网、接入系统等），二是适用于社会公共管理而又与项目间接相关的配套条件和环境。这些外部配套条件和环境，均在不同程度上对项目的实施产生影响，如城市公共管理政策中的城市公共安全、卫生、环境治理等法律法规和相关政策，不仅对全社会有约束和影响，对在城市范围内实施的市政项目也有较大影响。因此，在分析项目外部配套条件和环境影响时，应当考虑多方面的问题：对项目的影响、对社会公众的影响、对项目和社会公众的交叉或者复合影响、在相关法律法规和政策支持下社会公众对项目的影响等。

2. 建设项目客观上都会对社会产生有利的社会影响（正面的）和不利的社会影响（负面的），社会评价应当从项目有利影响和不利影响两个方面进行分析，尤其要对负面影响进行重点分析，预测可能产生的不良后果，提出应对措施和建议。

3. 第二章"社会评价五个着眼点"指出社会评价应当从五个方面着眼并入手开展工作，这五个方面的社会因素与建设项目最为相关。但是具体到每个项目，可能只是其中一至两个问题是突出的，需要评价人员根据项目的特点和以往的经验，去识别和发现那些需要予以关注的社会因素和社会问题。本章给出的社会评价要点（主要问题清单），主要是反映这类项目带有共性的问题，实际工作中，评价人员应当根据项目的具体情况选择和确定社会评价的内容和重点。

10.2　市政项目类型划分

市政是一个综合性的大行业，内分供水、排水、供热、燃气等多个子行业，在不同行业之间，项目特点、社会影响、利益相关者、需要关注的社会因素和社会问题等可能有较大的差异，为便于操作，本导则按照四种类型对项目进行划分，一方面是考虑到同类型项目具有的共性，另一方面也考虑到不同类型项目之间的差异。同一类型中的项目往往带有较多的共性，如供水、供热、燃气等，均带有管网工程隐蔽、网络覆盖、单独入户、计量收费等特征，而安全稳定、保证供应、价格合理、覆盖全面等是受影响群体（用户）对项目的基本要求。

10.3　城市道路、桥梁和快速轨道交通建设项目

社会评价要点：

（2）城市道路、桥梁和快速轨道交通建设项目都会涉及较大规模的征收补偿安置活动，对于征地农民，因失去赖以生存的生产资料（土地），使原有劳动技能失效，因知识和能力的不足，在城市就业竞争中处于劣势地位，可能因生计无着而陷入次生贫困；对于城市居民，房屋征收普遍使用的货币补偿政策让他们可以自愿选择新的住所，经济条件好的家庭能自己解决问题，但对于那些贫困家庭、残疾人家庭、失业或无业人员家庭等弱势群体，房屋征收使他们只能选择离开城市中心区域，影响他们今后入学、就医、生活、工

作的便利，生活成本随之提高，生活可能更加困难。对于那些依赖原有住房经营谋生或依靠租金维生的居民，房屋征收还会使他们失去谋生手段或收入大幅减少，可能因此陷入次生贫困。这部分人群本来也享有城市经济社会快速发展所提供的机会，但可能因为征收问题而成为社会弱势群体。低收入群体偏居一隅也容易造成社会隔阂，甚至可能被边缘化，不利于社会的和谐稳定发展。因此，征收补偿安置是市政项目中最突出的社会问题，社会评价应当予以重点关注。

（3）城市道路是公共资源，在路权分配上，应当尽可能做到“各行其道”，以彰显公平合理。在我国现有国情下，行人和骑车人众多，在城市道路建设和交通管理中，如不能树立“以人为本”的理念，可能片面强调机动车的行驶便捷，而忽视交通行为中相对处于弱势的行人和骑车人的权益，如不设规范而独立的人行道、盲道和自行车道；让机动车与非机动车混行；让行人与自行车混行；长距离交通隔离而不设斑马线、过街天桥或地下通道；交通信号灯配时过短，不能满足行人正常穿过道路所需时间等，这些做法既影响交通效率，也容易产生安全隐患，对大多数群众公平合理使用公共物品的权益造成损害。

（6）有的城市快速路、高速公路等需要穿过社区或村镇，为了安全考虑这类道路通常为长距离封闭式，群众要到路对面办事或农民要到路对面干活、放牧等需要绕行很长的距离，为了省时省力，有些人就扒开护栏强行穿越道路，人身伤亡事故时有发生，成为这类项目的主要社会问题之一。因此，除了要对项目周围群众加强安全教育，社会评价还应当关注因项目实施给周围群众的生产、生活带来的不便和安全隐患问题。通过公众参与，调查了解群众的意愿和要求，吸收合理化建议，采取有效措施，合理解决群众的出行便利和安全出行问题。

10.4 城市供水、供热和燃气建设项目

社会评价要点：

（3）城市供水、供热和燃气建设项目的产出都属于民生必需品，价格弹性小。由于贫困人口和低收入群体对公共产品和服务的价格变动很敏感，价格上升必然会给他们带来经济上的压力。当项目建设可能导致产品或服务价格调整时，社会评价应当关注价格调整是否充分考虑了贫困人口和低收入群体的支付意愿和实际承受能力，是否考虑对贫困人口和低收入群体生活的保障措施，能否保证这部分人群的实际生活水平不因价格调整而降低。

（4）为保护水源地的自然与生态环境，许多地方出台了相关政策和法规，如禁止在水源保护区内建设有污染物排放的工业、采矿业、网箱养殖、渔业捕捞、畜禽饲养、旅游、娱乐设施等，使得当地群众因为保护水源而牺牲了发展经济、快速致富的机会，甚至影响到生计。因此，城市供水项目的社会评价还应当关注水源地居民的生计和可持续发展，对他们因发展机会受到限制所遭受的损失应当给予合理补偿（生态补偿）。

10.5 污水处理和生活垃圾处理建设项目

社会评价要点：

（3）城市污水处理和生活垃圾处理项目正面的环境和社会效果显著，但同时也会伴随一些负面影响，如污水处理过程中会产生一定量的污泥，污泥通常富集大量有毒有害物质，若不能得到有效处理和处置，会成为新的污染源；生活垃圾处理过程会伴随恶臭，产生有毒有害气体、渗沥液等，如不能得到有效处理和处置，也会造成环境的二次污染。这类项目的选址本来应当远离市区，但由于我国城市化进程加速，一些城市规划滞后或虽有

规划但得不到有效执行，使原来已经规划了的项目场址，很快被急速扩张的城市所包围，场址周围大量兴建居住区，使许多已经规划了的场址变成为“居民区后院”，而遭到周围居民的强烈反对和抵制，甚至引发社会风险。因此，这类项目的社会评价首先要关注项目建设是否符合关规划和程序，是否严格执行环保法律法规和相关标准规范，项目信息和决策过程是否公开透明，政府与当地居民的沟通和协商是否充分，受影响利益群体能否平等参与项目的决策和监督。如今，被广泛采用的听证会制度和城市发展规划征求民意制度，已经开始体现出城市建设尊重民意和民主决策的思想。对于社会矛盾和社会问题比较突出的城市污水处理和生活垃圾处理项目的社会评价，应当重点关注公众参与，合理构建民主科学的决策平台和监督机制，才有可能最大限度地规避或减缓项目建设和运营中潜在的社会风险。

（4）城市污水处理和生活垃圾处理项目的环境负外部效果比较明显，客观上要求企业应当具备基本的社会责任感。从大的方面看，企业的社会责任感体现在其经营活动中始终能把为社会服务和保护环境作为自己的首要责任，而不是单纯追求利润。有社会责任感的企业能够自觉遵守各项环保法律法规，在项目建设和运营中能妥善处理好企业效益、环境保护和群众利益的关系，以谋求企业与社会和谐发展。从小的方面看，项目与社会能否和谐相处，还体现在主导项目的企业能否与周围群众和谐共处。企业除了要严格执行国家和地方各项环保法律法规和标准规范，以保护环境和保障周围群众的身心健康，还应当使周围居民能够分享到项目带来的实际利益，如通过提供优惠电能、热能，开放内部浴室和活动场所，邀请参观、座谈联欢等惠民、便民服务等措施，使周围群众感到项目不仅安全还能带来方便和利益，与自己的生产和生活能够和谐相处，才会改变对项目（企业）的态度。企业也才能与社会公众一道，共同去创造可持续发展的和谐社会。

（5）目前，我国污水处理和生活垃圾处理的收费水平和征收率尚处于较低水平，使污水处理和生活垃圾处理能力严重不足，不利于城市环境和生态保护。通过推进污水处理和生活垃圾处理费价格改革，全面开征并逐步提高处理费，加强征收监管，提高征收率，并运用价格杠杆引导社会投资，成为一些地方政府改善城市环境、促进行业发展的重要举措。但对于城市贫困人口和低收入群体，每一项市政产品或服务价格的调整，都会对其产生一定的经济压力。社会评价应当关注因项目建设引起的价格调整是否充分考虑到这部分人群的支付意愿和支付能力，有无相应的价格帮扶措施来减轻他们经济上的压力，以保障他们的实际利益不受损害。

10.6 城市园林绿化建设项目

社会评价要点：

（3）城市园林的公共空间是公众游览、休憩、活动的场所，对生活在高楼林立、空间狭窄的城市居民而言是有限和稀缺资源，但目前城市园林的公共空间被各种名目的商业利益所侵占的现象比较普遍（如园内建筑被出租盈利、借城市园林管理用房和配套服务设施名义报批实则新建扩建楼堂管所甚至私家别墅等），让游人的公共空间不断缩水，严重侵害公众的利益，影响社会公平和社会和谐发展。因此，城市园林绿化项目的社会评价应当关注项目是否严格执行政府相关条例规定，保证公共空间的面积。通过公众参与，对城市园林公共空间被商业利益蚕食的行为实施社会监督。

（4）城市园林中厕所、果皮箱、园灯、园椅等设施是否充足并合理分布直接影响游人对项目服务环境的便利性和舒适性评价。项目社会评价应当重点关注这些设施的设置是否符合相关标准规范的要求，是否体现“人性化设计”。由于女性生理特点和残疾人特殊情况，决定城市园林厕所的分布不宜太少或太偏远，女厕所的蹲位数应当高于男性，并要有残疾人专门蹲位。有些大、中型城市园林，在节假日或开展大型活动时，女厕所排长队的现象屡屡出现，严重影响游人心情，成为城市园林项目中一个不可忽视的社会性问题。因此，城市园林项目社会评价在城市园林厕所的服务半径和蹲位数设置（尤其是女厕所的蹲位数和残疾人设施的设置）方面能否方便和满足公众需求，对女性和残疾人是否有特别的“人性化”考虑，需要给予重点关注。

（5）现实生活中，人们一方面渴望亲近园林绿地，但另一方面侵占绿地；在树木旁或绿地内倾倒或排放污水、垃圾、渣土等；损毁树木、花草及绿化设施；在城市园林踩踏草坪、攀折花木等不文明行为却屡屡发生。因此，城市园林绿化项目应当利用自身有利条件（如设置宣传栏、广播、标牌等），加强绿化科学知识、绿化法律法规和建设环境友好型社会的宣传，增强公众履行绿化义务、保护绿化成果和爱护园林公共设施的意识。

附加说明

主要编写人员名单

住房和城乡建设部标准定额研究所	林　艳　李明哲　胡传海 刘春林　史富文　刘　咏 秦咸悦　朱　洪
中国国际扶贫中心	何晓军
国家发展和改革委员会投资研究所	马小丁
河海大学中国移民研究中心、社会发展研究所	施国庆　周　建